WEISER
50
n N.Y.
DO NOT CROSS

DER KÄFER IM BILD | THE BEETLE IN PICTURES

Volkswagen-Konstrukteur Ferdinand Porsche im Jahre 1944 mit Käfer in Prag.
Volkswagen designer Ferdinand Porsche in 1944 with Beetle in Prague.

NIKOLAUS REICHERT
HANS JOACHIM KLERSY

DER KÄFER IM BILD | THE BEETLE IN PICTURES

MOTORBUCH VERLAG STUTTGART

Einbandgestaltung: Siegfried Horn

Cover design by Siegfried Horn

Wir möchten uns bei allen recht herzlich bedanken, die mit Informationen, Bildern und sonstigen Unterlagen zum Gelingen dieses Käfer-Kaleidoskops beigetragen haben. Unser Dank gilt ferner den Käfer-Enthusiasten in aller Welt. Besonders hervorheben möchten wir die Hilfsbereitschaft und vor allem die große Geduld, mit denen Presseabteilung und Konzernarchiv der Volkswagen AG unser Projekt unterstützt haben. Danke!

Die Autoren

We should like to give our cordial thanks to everyone who contributed to the successful outcome of this Beetle-caleidoscope with informations, photographs, or any other material. Also, we wish to express our gratitude towards the Beetle-enthusiasts all over the world. And a very special thanks to the helpfulness and most of all the patience of those at Volkswagen AG's public relations department and the archives who have supported our project. Thanks!

PHOTOS: Albar, Allgemeiner Deutscher Automobil-Club (ADAC), Artz Automobile, Peter Aschwanken, Auto-Museum Wolfsburg, Autohaus Nordstadt, Automobil-Club Europa (ACE), Autopress, AUTO ZEITUNG, Chris Barber, Peter J. Baumann, Carrosserie Beutler, Car-Line, Doyle Dane Bernbach Werbeagentur, Deutsche Bundespost, Gerhard Dierssen, Franz Eder, Edition Roth Händle, Ivar Ericson, Fenderprize, Flughafen Frankfurt AG, Galerie Auto & Kunst, Bob Gilmore, GUTE FAHRT, Hans-Peter Hauer, Gero Hoschek, KAMEI, Wilhelm Karmann GmbH, Kerscher, Keystone, H. J. Klersy, Ruth Klersy, W. Kotauschek, LEGO, Lintas Werbeagentur, Museum Ludwig, Magnil Presseservice, Uwe Meier-Andrae, Hans-Otto Neubauer, Dipl.-Ing. Gerhard Oettinger, Dr.-Ing. h. c. F. Porsche AG, Nikolaus Reichert, Dr. Erwin Schollmayer, Dr. Markus Schmitt, Schutzpolizei Mainz, SIKU, Eric Staller, Gerd Treuwerth, Volkswagen AG.

ISBN 3-613-01112-3

1. Auflage 1986

Eine Abteilung des Buch- und Verlagshauses
Paul Pietsch GmbH & Co. KG

Satz und Druck: Röhm KG, D-7032 Sindelfingen
Bindung: Großbuchbinderei F. Riethmüller, D-7000 Stuttgart
Printed in Germany

First published 1986

A division of the Paul Pietsch GmbH & Co KG
book- and publishing house

Printed by Röhm KG, D-7032 Sindelfingen
Binding by Großbuchbinderei F. Riethmüller, D-7000 Stuttgart
Printed in Western Germany

Inhalt

Contents

Vorwort

Bei seiner Entwicklung in den 30er Jahren war das technische Konzept des Volkswagens so fortschrittlich, daß es fünfzig Jahre lang zu den besten der Welt gehören konnte: Zuverlässigkeit, Robustheit, vielfältige Einsatzmöglichkeiten waren die Grundlage für den Erfolg. Durch seine kontinuierliche Perfektionierung über den gesamten Produktionszeitraum ist er seinen Wettbewerbern gegenüber stets im Vorteil gewesen.

Aber mit ausschließlich diesen rationalen Vorzügen wäre der Volkswagen vielleicht nur ein Auto unter vielen geblieben. Was ihn zum eigentlichen Volkswagen machte, war seine Akzeptanz bei den Käufern, die auch auf einem guten Schuß Emotionalität beruhte. Für die meisten seiner Besitzer war der Käfer – schon in dieser Namensgebung liegt viel Persönliches – nicht nur ein bloßes Stück Technik, ein Fortbewegungsmittel, sondern ein echtes Familienmitglied, das seinen Platz nur zufällig in der Garage oder unter der Laterne hatte.

Und als Familienmitglied war es selbstverständlich, daß man sich um den Käfer kümmerte, daß man ihn pflegte und auch optisch zu »verschönern« trachtete: Blumenvasen mit echten oder – der besseren Haltbarkeit wegen – künstlichen Blumen schafften in seinem Innern eine behagliche Atmosphäre, zusätzlicher Chrom

Preface

At the time of its development in the thirties the technical concept of the Volkswagen was so advanced that it remained one of the best in the world for half a century. Reliability, robustness and versatility were the reasons for its success. Regular revision throughout its entire production kept it constantly ahead of its competitors.

But had it been only for these rational advantages the Volkswagen would perhaps have just remained one car among many. What made it an actual »people's car« was its acceptance by the customers, which was also based on more than a pinch of emotion. For the majority of its owners the Beetle – and the nickname itself is a very personal thing – was not just a bit of technology, a means of transport, but a real member of the family that just happened to live in the garage or under the streetlamp.

machte aus dem kleinen Wägelchen eine »Festung auf vier Rädern« für die eigene Sicherheit in den Gefahren des Straßenverkehrs.

Er war ein Botschafter Deutschlands in aller Welt, in allen Klimazonen und Kulturbereichen. Dies dokumentierte sich in ständigen Produktionssteigerungen bis zu seinem Höhepunkt.

Niemand stand dem Käfer indifferent oder gleichgültig gegenüber. Diese persönliche Beziehung zwischen dem Volkswagen und seinen Besitzern findet bis heute ihren Ausdruck in einer Vielfalt von Gegenständen, für die der Käfer die Grundlage bildet.

Auch dies ist eine Art Stellungnahme und Würdigung für dieses einzigartige Auto: einzigartig in seiner Geschichte, seiner Technik, seinem Erscheinungsbild, das über Jahrzehnte fast unverändert blieb, seinen astronomischen Produktionsrekorden, seiner Beliebtheit.

Das alles machte und macht den Käfer zu einem Produkt, das ein Phänomen ist und von dem wir glauben, daß es auch in das nächste Jahrhundert hineinwirken wird.

And as a member of the family the Beetle was naturally looked after, cared for and cosmetically »improved«. Vases with real or, for better keeping, artificial flowers gave a cosy atmosphere inside it, additional chrome turned the little car into a »mobile castle« for personal security among the perils of the road.

It was an ambassador of Germany throughout the world, in all climatic zones and cultural regions. This was reflected in constant increases in production up to its zenith.

Nobody was indifferent to the Beetle. This personal relationship between the Volkswagen and its owner still finds expression today in the many objects based on the Beetle.

This is also a kind of comment on and honouring of this worthy automobile: unique in its history, its technology, its appearance which remained almost unchanged for decades, its astronomical production records, its popularity.

All this made and makes the Beetle a product which is a phenomenon and which we believe will maintain its influence even into the next century.

Dr. C. H. Hahn.

Vorstandsvorsitzender
Volkswagen AG

Chairman of the Board
Volkswagen AG

Zwei frühe Käfer-Vorläufer: die Porsche-Typen 12 und 32. Ferdinand Porsche baute den Urahn des VW Käfer, den Typ 12, bereits 1932 für Zündapp; drei Prototypen wurden hergestellt.

Two early forerunners of the Beetle: The Porsche Types 12 and 32. Ferdinand Porsche built the forefather of the VW Beetle, the Type 12, already in 1932 for Zündapp; three prototypes were produced.

Der Typ 32 entstand 1934 für NSU. Die drei NSU-Prototypen wiesen schon nahezu alle Käfer-typischen Konstruktionsmerkmale auf. Der einzige noch existierende Wagen ist heute im Automuseum Wolfsburg zu sehen.

The Type 32 was developed in 1934 for NSU. The three NSU prototypes already boast almost all the typical Beetle design features. The only car still in existence can be seen in the Wolfsburg Auto-Museum.

So stellte sich Ferdinand Porsche den Volkswagen vor. Die Zeichnung stammt aus dem Jahre 1932.

This is how Ferdinand Porsche saw the Volkswagen in his own mind. The drawing is from 1932.

Einer für alle

Die Geschichte des VW Käfer

Wenn vom Volkswagen die Rede ist, denkt man unwillkürlich an den VW Käfer. Diesen durchaus treffenden Kosenamen erhielt der Volkswagen allerdings keineswegs hierzulande, wie man vermuten könnte, sondern in seiner zweiten Heimat, den USA.

Hier schaffte der Käfer, was vielen ausländischen Konkurrenten versagt blieb: Er wurde akzeptiert. Und zwar ohne irgendwelche Vorbehalte. Gerade in den USA fand das seltsame Krabbeltier »Made in Germany« viele Freunde.

In den USA, dem Land der (fast) unbegrenzten Möglichkeiten entstanden auch eine ganze Reihe teils recht skurril gestylter Käfer, »Special Bugs«, Kuriositäten; einige davon wollen wir Ihnen in unserem Buch zeigen.

Auch heute noch steht der Käfer bei vielen Amerikanern hoch im Kurs, und das, obwohl der Käfer-Veteran seit 1977 nicht mehr als Neuwagen in die USA eingeführt wird. Grund dafür sind die verschärften Sicherheits- und Abgasbestimmungen.

Im Ursprungsland des Käfers, in der Bundesrepublik Deutschland, ist die Lage mittlerweile ähnlich. Mehr als eine Million Käfer rollen noch auf Deutschlands Straßen. Trotz sinkender Zulassungszahlen – im vergangenen Jahr entschieden sich nur noch rund 10 000 VW-Enthusiasten für den Käfer – zählt der Käfer nach wie vor zu den populärsten und beliebtesten Autos überhaupt . . .

Als am 15. Mai 1985 im mexikanischen Volkswagen-Zweigwerk Puebla, etwa 120 Kilometer östlich der Hauptstadt Mexico City, der zwanzigmillionste Käfer vom Band lief, war das ein in der Geschichte des Automobils bis

One for all

The story of the VW Beetle

When people talk about the Volkswagen they automatically think of the VW Beetle. Not that the Volkswagen got its entirely accurate nickname at home in Germany, as one might think, but in its second home, the USA.

Here the Beetle succeeded where many foreign competitors failed: it got accepted. Without reservation. It was precisely in the USA that this strange beast »made in Germany« found lots of friends.

In the USA, the land of (almost) endless possibilities, there also sprang up a whole series of in part decidedly bizarre Beetle stylings, »special bugs«, curiosities. We want to show you some of these in our book.

Even today the Beetle is popular with many Americans, and this despite the fact that veteran has not been imported into the USA as a new car since 1977. The reason for this is the stiffer safety and emission regulations.

In the homeland of the Beetle, the Federal Republic of Germany, the situation is now similar. Over a million Beetles are still driving on Germany's roads. Despite falling registrations – last year only some 10,000 VW enthusiasts decided on the Beetle – it is still one of the most popular and best-loved cars of all.

When on 15th May 1981 in the Volkswagen branch factory at Puebla, Mexico, some 120 kilometres east of the capital Mexico City, the 20-millionth Beetle came off the line, this was an all-time record in the history of the automobile and one which is unlikely ever to be broken.

Even Henry Ford's best-selling Model T, the Tin Lizzie, »only« managed around fifteen million examples during its production life of just under twenty years.

Ein früher Volkswagen-Prototyp, V1 genannt, von 1935. Die Ähnlichkeit mit dem späteren Serien-Käfer ist verblüffend.

An early Volkswagen prototype, built in 1935 and designated V1. The similarity to the later mass-production Beetle ist startling.

1935 auf dem Marktplatz in Tübingen: Ferry Porsche am Steuer des Versuchswagens V2.

In the Market Square in Tübingen, 1935: Ferry Porsche at the wheel of the experimental vehicle V2.

Die Vorserien-Prototypen vom Typ VW 30 (29 Limousinen und ein Cabriolet), im Daimler-Benz-Karosseriewerk in Sindelfingen gebaut, legten im Frühjahr 1937 bei einer Dauererprobungsfahrt ohne gravierende Mängel rund 2,4 Millionen Testkilometer zurück. Die Porsche-Entwicklung hatte sich glänzend bewährt.

In the course of a continuous-running test drive in the spring of 1937, the Type VW 30 pre-production prototypes (29 saloons and one convertible), built at the Daimler-Benz body shop in Sindelfingen, covered some 2,4 million test kilometers without a serious fault. The Porsche development had proved itself in brilliant style.

dahin beispielloser Rekord, der wohl auch niemals mehr überboten wird.

Selbst Henry Fords Erfolgsmodell T, auch »Tin Lizzie« („Blech-Lieschen") genannt, brachte es während seiner knapp zwanzigjährigen Produktionszeit (1908 bis 1927) auf »nur« rund fünfzehn Millionen Exemplare.

Technisch gilt der betagte Käfer schon seit geraumer Zeit, trotz aller Modernisierungsveruche, als überholt und im Vergleich zu den modernen Volkswagen-Konstruktionen als völlig veraltet und nicht mehr konkurrenzfähig.

Was bleibt, ist der Mythos vom schier unverwüstlichen Käfer. Lediglich notorische Käfer-Enthusiasten, und davon gibt es noch immer eine ganze Menge, halten dem allgegenwärtigen Krabbeltier die Treue.

Die Gründe für den beispiellosen weltweiten Erfolg des Käfers dürften schlicht und einfach in seiner Konzeption zu suchen sein, wie Ferdinand Porsche sie vor nunmehr fünfzig Jahren erdachte.

Darüber hinaus lebt der Käfer auch heute noch von seinen offenkundigen Qualitäten: solide verarbeitet, gute Ausstattung und vor allem seine sprichwörtliche Zuverlässigkeit, denn er läuft und läuft und läuft ...

Weitere Gründe für das Käfer-Phänomen sind zweifellos der geringe Anschaffungspreis und der hohe Wiederverkaufswert, selbst nach mehrjähriger Fahrzeit; außerdem ist ein Käfer kostengünstig im Unterhalt, vor allem, was Reparaturen anbelangt.

Zudem wurde der Käfer nie als Statussymbol mißbraucht. Den typischen Käfer-Fahrer nämlich gibt es nach einer Analyse des Statistischen Büros der US-Automobilindustrie grundsätzlich nicht. Käfer-Fahrer lassen sich demzufolge nicht in irgendwelche gängigen Kategorien einreihen; sie kommen vielmehr aus den unterschiedlichsten Bevölkerungsschichten und üben die unterschiedlichsten Berufe aus – ein klassenloses Automobil in einer zum Klassendenken erzogenen Gesellschaft.

Diese Studie aus den 60er Jahren hat auch heute noch uneingeschränkte Gültigkeit. Die US-Zeitschrift LIFE formulierte es einmal so: »Ein VW ist ein Familienmitglied, das nur zufällig in der Garage wohnt.«

Eine zwar übertriebene, aber nichtsdestoweniger durchaus zutreffende Charakterisierung des allseits beliebten Käfers.

Als Ferdinand Porsche vor mehr als 50 Jahren mit den Entwicklungsarbeiten für ein »Volksauto« begann, konnte er freilich nicht voraussehen, daß er damit den Grund-

Technically the veteran Beetle, despite all attempts at updating, must be regarded as old-fashioned, and compared with the modern Volkswagen designs completely outdated and no longer competitive.

What remains is the legend of the everlasting Beetle. Only dyed-in-the-wool Beetle enthusiasts, of which there are still quite a few, keep faith with the omnipresent animal.

The reasons for the unparallel global success of the Beetle can be found simply and solely in its conception, produced fifty years ago by Ferdinand Porsche.

Furthermore the Beetle still lives today from its patent qualities: solid workmanship, good equipment and above all its proverbial reliability – it runs and runs and runs ...

Additional reasons for the Beetle phenomenon are doubtless its low purchase price and high resale value even after years of use.

And a Beetle is low on maintenance costs, especially for repairs.

Nor was the Beetle ever misused as a status symbol. There is no such thing, according to an analysis of the office of statistics of the US automotive industry, as a typical Beetle driver. They cannot, as a result, be put into any kind of convenient pigeon-hole. Rather they come from all kinds of population groups and all kinds of occupation. The Beetle is a classless automobile in a class-conscious society.

This study carried out in the sixties is still perfectly valid. The US magazine LIFE put it like this: »A VW is a member of the familiy that just happens to live in the garage«.

Maybe exaggerated, but a nonetheless apt designation of the well-loved Beetle. When over 50 years ago Ferdinand Porsche started on the development work for a people's car he could not of course foresee that he was laying the foundation stone of the most successful and perhaps best-loved automobile of all time.

At the end of September 1931 Porsche received from the Nuremberg Zündapp works, one of the biggest German motocycle manufacturers, a commission to develop a low-cost four seat passenger car.

First to emerge were three experimental cars called Porsche Type 12 equipped with water-cooled five-cylinder radial engines at the rear driving the rear wheels. The gearbox was in front of the rear axle and formed a unit with the final drive.

Einer der drei Versuchswagen der VW-3-Serie von 1936. Die Scheinwerfer sind noch im Bug integriert, die Türen an der Mittelsäule angeschlagen.

One of the three experimental cars of the VW-3 series of 1936. The headlights are still mounted in the nose, the doors are hinged at the central pillars.

Fünf von 30 Vorserienwagen des Typs VW 30. Obwohl die Testfahrten unter strengster Geheimhaltung absolviert wurden, ließen sich Kontakte mit der Öffentlichkeit nicht vermeiden. Wo immer die Volkswagen auftauchten, wurden sie von Passanten bestaunt.

Five of 30 Type VW 30 pre-production cars. Although the test drives were carried out in strictest secrecy, contact with the public could not be avoided. Wherever the Volkswagens appeared, heads were turned.

Ferdinand Porsche (2. v. l.) und ein VW 30. Eine typische Szene, denn Porsche ließ es sich nicht nehmen, seine Konstuktion auch selbst zu chauffieren.

Ferdinand Porsche (2nd from left) and a VW 30. A typical scene, for Porsche lost no opportunity of taking the wheel of his brainchild.

stein für das erfolgreichste und vielleicht beliebteste Automobil aller Zeiten legen würde.

Damals, Ende September 1931, erhielt Porsche von den Nürnberger Zündapp-Werken, einem der größten deutschen Motorradhersteller, den Auftrag zur Entwicklung eines preisgünstigen, viersitzigen Personenwagens.

Zunächst entstanden drei Versuchswagen, Porsche Typ 12 genannt, ausgerüstet mit wassergekühlten Fünfzylinder-Sternmotoren im Heck und Hinterradantrieb.

Das Getriebe lag vor der Hinterachse und war mit dem Achsantrieb verblockt. Diese Antriebsanordnung, im Typ 12 erstmals in der Praxis erprobt, sollte sich später im VW Käfer millionenfach bewähren. Aus Kostengründen ließ Zündapp sein Volksauto-Projekt allerdings fallen und baute stattdessen weiterhin Motorräder.

1933 beauftragte NSU, ein weiterer bekannter Motorradhersteller, Porsche mit der Konzeption eines modernen, wirtschaftlichen Wagens, der später in Serie gehen sollte. Hier konnte Porsche endlich erstmals seine Idee vom luftgekühlten Heckmotor verwirklichen. Bereits Anfang 1934 waren die Pläne für den NSU-Wagen, den Porsche Typ 32, fertig. Er besaß schon den für alle späteren Volkswagen typischen Zentralrohr-Plattformrahmen, Einzelradaufhängung, eine Stabfederachse mit je zwei Längslenkern vorn und eine Pendelachse hinten, ebenfalls mit Federstäben sowie Stoßdämpfer und Trommelbremsen an allen vier Rädern, damals keineswegs selbstverständlich.

Damit wurden im NSU erstmals statt der üblichen Blattfedern Drehstäbe verwendet, eine Idee Porsches. Kernstück des Wagens jedoch war der luftgekühlte Boxermotor mit je zwei gegenüberliegenden Zylinderpaaren, einem Keilriemen-Kühlluftgebläse, 1,5 Liter Hubraum und 20 PS.

Drei Fahrzeuge wurden gebaut und ausgiebig getestet; trotzdem ging auch der NSU-Kleinwagen nicht in Serie. Stattdessen brachte NSU ein Volksmotorrad auf den Markt, die NSU »Quick«.

Anfang 1934 legte Porsche dem Reichsverkehrsministerium sein »Exposé betreffend den Bau eines deutschen Volkswagens« vor, eine Studie, in der Porsche seine Auffassung zum Thema »Volksauto« darstellte.

Nach Porsches Ansicht sollte ein Volkswagen kein Kleinwagen, sondern ein Gebrauchsfahrzeug mit normalen Abmessungen, aber verhältnismäßig geringem Gewicht sein. Nach eingehenden Gesprächen zwischen Re-

This power train arrangement, tried in practice for the first time in the Type 12, was subsequently to prove itself millions of times over in the VW Beetle. However for reasons of cost Zündapp dropped its people's car project and went on building motorcycles.

In 1933 NSU, another well-known motorcycle manufacturer, asked Porsche to design a modern economical car for subsequent series production. With this Porsche was at last able to realise his idea of an air-cooled rear engine. As early as the beginning of 1934 the plans were ready for the NSU car, the Porsche Type 32. This already had the design characteristics typical of all later Volkswagens – the central tube platform frame, independent suspension, a torsion spring axle with double suspension arms in front and a swing axle at the rear also with torsion springs, shock absorbers and drum brakes on all four wheels which at that time were by no means a matter of course. Thus the NSU used for the first time torsion springs instead of leaf springs, an idea of Porsche's. The heart of the vehicle however was the air-cooled boxer engine with two pairs of horizontally-opposed cylinders, a belt-driven cooler blower, 1.5 litres swept volume and 20 bhp.

Three vehicles were built and thoroughly tested; nonetheless the NSU small-car also failed to go into series production. Instead NSU brought a people's motorcycle on the market, the NSU »Quick«.

At the beginning of 1934 Porsche presented to the Reich Ministry of Transport his »Exposé concerning the construction of a German people's car«, a study in which Porsche stated his attitude to the concept of »Volksauto«.

In Porsche's view a people's car should not be a small-car but a utility vehicle with normal dimensions but relatively low weight.

After intensive discussion between government offices and the Reich association of the German automotive industry (RDA), on 22nd Juni 1934 the RDA and Porsche concluded an agreement by which Porsche undertook to deliver the first Volkswagen prototype within only ten months. A further clause in the contract provided that on the basis of a 50,000-unit production run the car should cost no more than 990 Marks. The RDA, which at first viewed Porsche's Volkswagen project with the utmost scepticism, financed it to the tune of 20,000 Marks per month.

It was soon apparent that neither the time set nor the

26. Mai 1938: Grundsteinlegung für das Volkswagenwerk in der Nähe von Fallersleben, heute ein Stadtteil von Wolfsburg.

26th May 1938: Laying the cornerstone for the Volkswagen works near Fallersleben, today a district of Wolfsburg.

Richtfest im Volkswagenwerk im April 1939.

Roofing ceremony at the Volkswagen works in April 1939.

Diese drei Volkswagen der Vorserie VW 38 (Limousine, Rolldach-Limousine und Cabriolet) wurden nach der Grundsteinlegung offiziell enthüllt. Statt Volkswagen sollte der Käfer nun „KdF-Wagen" heißen (KdF = Kraft durch Freude).

After the laying of the cornerstone, these three Volkswagens of the pre-production series VW 38 (saloon, roller roof saloon and convertible) were officially revealed. Instead of Volkswagen the Beetle was now to be called „KdF-Wagen" (KdF = Kraft durch Freude – Strength from enjoyment).

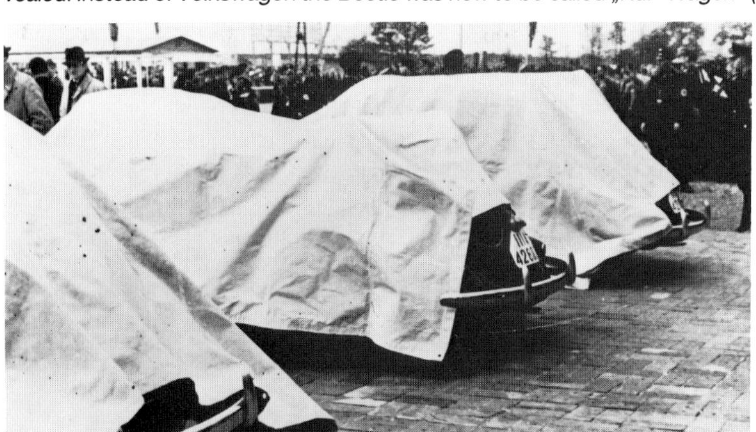

gierungsstellen und dem Reichsverband der Deutschen Automobilindustrie (RDA), schlossen der RDA und Porsche am 22. Juni 1934 einen Vertrag, der Porsche verpflichtete, innerhalb von nur zehn Monaten den ersten Volkswagen-Prototyp abzuliefern. Eine weitere Vertragsklausel sah vor, daß der Wagen auf der Basis einer 50 000-Stück-Serie nicht teurer als 990 Mark sein sollte. Zur Finanzierung stellte der RDA, der Porsches Volkswagen-Projekt zunächst äußerst skeptisch beurteilte, 20 000 Mark monatlich zur Verfügung.

Schon bald zeigte sich, daß sowohl die vorgeschriebene Zeit als auch die finanziellen Mittel keineswegs ausreichten.

Trotzdem entstanden unter großen Mühen zwischen 1934 und 1936 die ersten fünf Volkswagen-Prototypen nach Porsches Entwürfen: V1, V2 und die VW-3-Serie.

Versuchsweise experimentierte man anfangs mit verschiedenen Motoren, unter anderem Zweizylinder-Viertakter und einem Zweizylinder-Doppelkolben-Zweitakter; schließlich einigte man sich auf den bereits vom NSU bekannten Vierzylinder-Viertakter. Doch diese ersten Boxermotoren erwiesen sich in der Praxis nicht als »autobahnfest«. Nach umfangreichen Änderungen war auch dieses Problem alsbald gelöst.

Unter ständiger Kontrolle des RDA starteten die Prototypen der VW-3-Serie am 10. Oktober 1936 zu einer Dauer-Erprobungsfahrt über 50 000 Kilometer. Die drei Erlkönige hielten sich erstaunlich gut. Der Porsche-Entwurf bewährte sich trotz anfänglicher Skepsis glänzend. Im Abschlußbericht des RDA hieß es: »Das Fahrzeug hat Eigenschaften gezeigt, die eine Weiterentwicklung empfehlenswert erscheinen lassen.«

Nunmehr drängte Hitler persönlich darauf, das Volkswagen-Projekt – er erhoffte sich davon große propagandistische Wirkung – mit allen Mitteln voranzutreiben. Die dem RDA angehörenden Automobilfirmen sahen sich jedoch außerstande, den Volkswagen unter den gegebenen Voraussetzungen ohne staatliche Subventionen bis zur Serienreife weiterzuentwickeln und anschließend zum festgesetzten Preis von nur 990 Mark herzustellen.

Porsche hatte unterdessen bereits ein Nachfolgemuster konzipiert, einen Vorserienwagen, von dem 30 Exemplare im Daimler-Benz-Karosseriewerk in Sindelfingen und bei Reutter in Stuttgart gebaut wurden. Diese Fahrzeuge erhielten aufgrund dessen die Bezeichnung VW 30 und ähnelten bereits weitgehend dem späteren Käfer.

financing was by any means sufficient. In spite of this, at the cost of great effort the first five Volkswagen prototypes of Porsche design appeared between 1934 and 1936: the V1, V2 and the VW3 series.

To beginn with various engines were experimented with including a two-cylinder four-stroke and a two-cylinder double-piston two-stoke; in the end the four-cylinder four-stroke familiar from the NSU was decided upon. But these first boxer engines did not prove »motorwayproof« in practice. This problem too was solved after comprehensive modifications.

Under the constant supervision of the RDA the prototypes of the VW3 series began a 50000 kilometre endurance test drive on 10th October 1936. The three Erl-kings bore up astoundingly well. Despite initial scepticism the Porsche design proved itself splendidly. In the final report of the RDA the verdict was: »The vehicle showed qualities which appear to recommed themselves for further development«.

Now Hitler in person pressed for the Volkswagen project – from which he anticipated a great propaganda effect – to be gone ahead with at full steam. The motor manufacturers belonging to the RDA however did not see themselves in a position to further develop the Volkswagen to series production level under the conditions set without State subvention and then sell it at the fixed price of only 990 Marks.

Porsche had meanwhile conceived a successor design, a pre-series car of which 30 were built at the Daimler Benz bodywork factory in Sindelfingen and at Reutter's in Stuttgart. On account of this the cars had the designation VW 30 and already bor a strong similarity to the subsequent Beetle.

The VW 30 project was carried out in the strictest secrecy, veiled from the public which although it had heard a great deal of the Volkswagen had never seen one. All told the 30 pre-series Volkswagens covered nearly 2.5 million test kilometres without serious breakdowns, thus finally proving that Porsche's concept was the right one.

Finally in 1938 the entire Volkswagen project was taken over by the National Socialist leisure organisation »Strength Through Joy« (KdF). Financed by the KdF a further 44 pre-series vehicles were produced at Reutter's in Stuttgart. With this model, known as VW 38, the Volkswagen was given its final shape.

Kalkulation des Volkswagens.

Das Jahr der Proklamation des KdF Wagens	19
	37
Grundsteinlegung zum KdF-Wagenwerk	26.
	5.
	19
	38
Geschwindigkeit in km/st.	100
Anzahl der PS	24
Benzinverbrauch in ltr/100 km	7
Länge d. Wagens in cm	420
Breite " " "	150
Höhe " " "	145
Errechneter Preis	RM 990

Nur 990 Mark sollte der Volkswagen kosten; das entsprach etwa dem Preis für ein Klein-Motorrad mit 350 Kubikzentimeter Hubraum.

The Volkswagen was to cost only 990 Marks; that was roughly the price of a small motorcycle with 350 c.c. engine displacement.

KdF-Wagen von 1938: Oben rechts die Limousine, wahlweise auch mit Rolldach erhältlich; darunter das Cabrio.

1938 KdF models: Above the saloon, which had an optional roller roof; below the convertible.

Das Unternehmen VW 30 lief, abgeschirmt von der Öffentlichkeit, die zwar schon viel vom Volkswagen gehört, aber noch nie einen gesehen hatte, unter strengster Geheimhaltung ab. Insgesamt legten die 30 Vorserien-Volkswagen ohne gravierende Mängel annähernd 2,4 Millionen Testkilometer zurück und erbrachten damit den endgültigen Beweis, daß Porsches Konzept das richtige war.

1938 schließlich übernahm die nationalsozialistische Freizeitorganisation »Kraft durch Freude« (KdF) das gesamte Volkswagen-Projekt. Mit KdF-Geldern entstanden bei Reutter in Stuttgart weitere 44 Vorserienfahrzeuge. Mit diesem Modell, VW 38 genannt, erhielt der Volkswagen seine endgültige Form. Eine weitere Serie, VW 39, wurde nicht mehr produziert.

Etwa zur gleichen Zeit bestimmten KdF-Mitarbeiter den endgültigen Standort für das zu errichtende Volkswagenwerk, in dem der Volkswagen in Großserie nach amerikanischem Muster gebaut werden sollte.

Am Ufer des Mittellandkanals, in der Nähe des Ortes Fallersleben, legte Hitler am Himmelfahrtstag, dem 26. Mai 1938, den Grundstein zum Volkswagenwerk. Hitler versprach damals, »jeder schaffende Deutsche« solle die Möglichkeit erhalten, zum Preis von nur 990 Mark seinen eigenen KdF-Wagen, wie der Volkswagen von nun an hieß, zu erwerben. Ein erstaunlich niedriger Preis; er entsprach etwa dem eines 350-Kubikzentimeter-Motorrads.

Am 1. August 1938 wurde ein spezielles Spar-Kauf-System eingeführt, das jedem Interessenten ermöglichen sollte, auf den Kaufpreis von 990 Mark anzusparen.

Doch es kam anders: Am 1. September 1939 brach der Zweite Weltkrieg aus. Die geplante Produktion des KdF-Wagens mußte auf unbestimmte Zeit verschoben werden. Rüstungsgüter hatten Vorrang. So wurde der Traum vom eigenen Auto für die insgesamt 336 668 Sparer nie Wirklichkeit.

Im Volkswagenwerk rollten unterdessen von Porsche auf Volkswagenbasis konstruierte Kübelwagen des Typs 82 und Schwimmwagen der Typen 128 und 166 von den Bändern. Bis Kriegsende etwa 70 000 Stück. Außerdem entstanden während des Krieges rund 1500 Volkswagen der Typen VW 60 (KdF-Wagen) sowie der Wehrmachts-Käfer VW 82E (Käfer mit Kübelwagenfahrgestell) und VW 87 (Käfer mit Allradantrieb).

Bei Kriegsende, im Mai 1945, lagen zwei Drittel des Volkswagenwerk in Schutt und Asche. Nachdem die briti-

Another series, VW 39, ceased production. At about the same time KdF employees on the final location for the Volkswagen factory in which the Volkswagen was to be built on the American pattern in mass production.

On 26th May 1938, Ascension Day, Hitler laid the foundation stone of the Volkswagen factory on the bank of the Mittelland canal near the small town of Fallersleben. He promised then that »every working German« should have the opportunity of buying his own KdF car (as the Volkswagen was from then on to be known) for only 990 Marks. An astonishingly low price; it was about the same as that of a 350 cc motorcycle.

On 1st August 1938 a special saving scheme was introduced with the aim of enabling all prospective customers to save up the 990 Marks.

But it was not to be. On Ist September 1939 the second World War broke out. Production planned for the KdF car had to be postponed indefinitely. Armaments had priority. And so the dream of a car of their own never became reality for the 336,668 savers.

Meanwhile at the Volkswagen factory Type 82 military vehicles based on Porsche's Volkswagen and Type 128 and 166 amphibious vehicles came off the lines. Some 70,000 units by the end of the war. In addition during the war some 1500 Type VW 60 (KdF) Volkswagen were produced, together with the military Beetle (BW 82E (Beetle on jeep-type chassis) and VW 87 (all-wheel-drive Beetle).

At the end oft the war, in May 1945, two-thirds of the Volkswagen factory was in ruins. After the British occupation forces had taken over the plant they first set up a provisional repair shop for their own requirements. In order to prevent the threatened demolition they built Volkswagens out of parts stocks. As early as March 1946 the 1000th Type 51 Beetle, a slightly modified military Beetle VW 82E, came off the line, in October the 10,000th.

Most of these vehicles saw service as CCG cars (Control Commission for Germany).

In 1948 a new era began for the Volkswagen. On 1st January Heinz Nordhoff took over directorship of the ailing Volkswagen factory. He began with the formation of the sales and service network and systematic model updating of the Beetle which was immediately also allowed to be exported and brought in valuable foreign exchange. By 13th May 1949 the 50,000th post-war Beetle came off the line, the 100,000th following in March 1950. It

Testfahrt für die Presse anläßlich der Internationalen Automobil-Ausstellung in Berlin im Februar/März 1939.

Test drive for the press on the occasion of the International Automobile Exhibition in Berlin in February/March 1939.

Auf Demonstrationsfahrt durch Deutschland im Jahre 1939.

On a demonstration run through Germany in 1939.

schen Besatzer die Fabrikanlagen übernommen hatten, richteten sie dort zunächst provisorisch eine Reparaturwerkstätte für den eigenen Bedarf ein. Um die drohende Demontage zu verhindern, bauten sie aus Restbeständen Volkswagen zusammen. Bereits im März 1946 lief der 1000ste Käfer vom Typ 51, ein geringfügig modifizierter Wehrmachtskäfer VW 82E, vom Band, im Oktober der 10 000ste. Die meisten dieser Wagen taten Dienst als CCG-Wagen (CCG = Control Commission for Germany).

Mit dem Jahr 1948 begann eine neue Ära des Volkswagens. Am 1. Januar übernahm Heinz Nordhoff als Generaldirektor die Leitung des angeschlagenen Volkswagenwerks. Er begann mit der Formierung des Vertriebs- und Kundendienstnetzes und der systematischen Modellpflege des Käfers, der alsbald auch exportiert werden durfte und wertvolle Devisen brachte. Schon am 13. Mai 1949 rollte der 50 000ste Nachkriegs-Käfer vom Band, der 100 000ste folgte im März 1950. Bis zur ersten Million, am 5. August 1955, sollte es allerdings noch eine Weile dauern.

Bereits Ende der 50er Jahre zählte das Volkswagenwerk zu den größten Automobilproduzenten der Welt; hinter drei amerikanischen Herstellern rangierte es an vierter Stelle. Der Käfer wurde nunmehr in mehr als 140 Länder der Erde exportiert. Hauptabnehmer waren die USA.

Dipl.-Ing. Heinz Nordhoff, ehemaliges Mitglied des Opel-Vorstands und während des Krieges Chef der damals größten europäischen Lastwagen-Fabrik in Brandenburg, hatte in den Stammwerken von General Motors in den USA die Produktions- und Verkaufsmethoden eingehend studiert und wußte, daß auch die technisch ausgereifteste Konstruktion nur durch eine adäquate Verkaufs- und Kundendienstorganisation Erfolg haben konnte.

Neben dem Aufbau der Produktionsanlagen, der Prüf- und Entwicklungsabteilungen, trieb er deshalb in den folgenden Jahren den Ausbau einer leistungsfähigen Händler- und Werkstattorganisation intensiv voran und legte damit den Grundstein für den weltweiten Siegeszug des Käfers.

Der Käfer von damals bot allerdings keinen schönen Anblick; schlecht lackiert und mit viel Improvisationstalent zusammengeschustert, stellte er außerdem ein unliebsames Überbleibsel aus der Nazi-Zeit dar und war

would however take a while to reach the first million, on 5th April 1955.

By the end of the 50's the Volkswagen factory was one of the biggest motor manufacturers in the world, fourth after three American producers. The Beetle was now exported to more than 140 countries. The biggest customer was the USA.

Dipl.-Ing. Heinz Nordhoff, previously member of the Opel board and during the war head of the then largest European truck factory in Brandenburg, had made a thorough study of the production and sales methods of General Motors at their main works in the USA and knew that even the technically most advanced design could only succeed with the aid of an adequate sales and service organisation.

Therefore in the following years in addition to the construction of production facilities, the testing and development departments he pressed ahead with the extension of an efficient dealer and workshop organisation, thus laying the foundation for the world-wide success of the Beetle.

The Beetle of that time was not a thing of beauty; badly painted and cobbled together with much improvisation, it also represented an unpleasant remnant of the Nazi period and as such was not much loved, especially by the victors. Nordhoff once described the post-war Beetle most accurately: »a wretched, ugly thing, a car with more defects than a dog has fleas«.

Compared with the earlier models the Beetles of 1950 already showed numerous improvements. In addition to the two Beetle versions, standard and export, the Volkswagen range comprised the 2+2-seater Hebmüller convertible, the four-seater Karmann convertible and the latest product, the Transporter developed from the Beetle. This was internally known as the Type 2 and as a light truck was almost as successful as the Beetle.

The »wretched, ugly thing« had meanwhile become a serviceable, quality everyday car that need fear no comparison.

In 1953 the hitherto customary split rear window, also known as the pretzel window, was replaced with a somewhat larger oval one. One year later the engine output rose from 25 to 30 bhp.

In 1955 when the millionth Beetle came off the line over 1,500 vehicles per day were being produced. The Beetle was given a new exhaust muffler with twin end-pipes.

Ein frühes Beispiel für die vielseitige Verwendbarkeit des Volkswagens: die Berlin-Rom-Wagen von 1939. Obwohl speziell für die geplante Rallye Berlin-Rom gebaut, konnten die drei windschlüpfigen Sport-Volkswagen (VW 64) nie zweckentsprechend eingesetzt werden, denn am 1. September 1939 brach der II. Weltkrieg aus, Berlin-Rom mußte verschoben werden.

An early example of the versatility of the Volkswagen: The Berlin-Rome car of 1939. Although built especially for the planned Berlin-Rome Rally, the three aerodynamic sport Volkswagens (VW 64) never fulfilled their intended role, for on the 1st September 1939 the Second World War broke out. Berlin-Rome had to be postponed.

Dieser frühe Käfer mit Pick-Up-Aufbau ging nie in Serie; er wurde werksintern als Transporter eingesetzt.

This early Beetle with pick-up body never went into mass production; it was used inside the works as a transporter.

Auch als Kastenwagen gab es den Käfer, allerdings nur in wenigen Exemplaren und ebenfalls nur zum werksinternen Gebrauch.

There was also a Beetle delivery van: however, only a handful were built and they too were only intended for service inside the works.

insofern, insbesondere bei den Siegern, nicht sonderlich beliebt. Nordhoff beschrieb den Nachkriegs-Käfer einmal äußerst treffend: »Ein armseliges, häßliches Ding, ein Wagen, der mehr Fehler hatte als ein Hund Flöhe.«

Die Käfer des Jahrgangs 1950 wiesen gegenüber den früheren Modellen bereits zahlreiche Verbesserungen auf. Das Lieferprogramm des Volkswagenwerks umfaßte neben den beiden Käfer-Versionen Standard und Export auch das 2+2sitzige Hebmüller-Cabrio und das viersitzige Karmann-Cabrio und als neuestes Produkt den aus dem Käfer entwickelten Transporter, werksintern nur Typ 2 genannt und als Kleinlaster nahezu ebenso erfolgreich wie der Käfer.

Aus dem »armseligen, häßlichen Ding« war inzwischen ein brauchbares, qualitativ hochwertiges Alltagsauto geworden, das keinen Vergleich zu scheuen brauchte.

1953 wurde das bis dahin übliche geteilte Heckfenster, auch als Brezelfenster bekannt, durch ein etwas größeres, ovales ersetzt. Ein Jahr später kletterte die Motorleistung von 25 auf 30 PS.

1955, als der millionste Käfer vom Band lief, wurden täglich bereits mehr als 100 Fahrzeuge produziert. Der Käfer erhielt einen neuen Auspufftopf mit zwei Endrohren.

1957 brachte einige wesentlichen Neuerungen, unter anderem ein noch größeres Heckfenster und eine völlig neue Armaturentafel.

1960 wurde die Motorleistung abermals erhöht, und zwar um 13 Prozent, auf 34 PS, damals eine Sensation.

In den 60er Jahren, der Käfer war inzwischen das meistgebaute Serienauto der Welt, jährlich rollten mehr als eine Million Wagen von den Bändern, wurde der Käfer ständig verbessert: Blinker lösten 1960 die bis dahin üblichen Winker ab, 1964 erhielten alle Modelle größere Scheiben, und zwar rundherum, 1965 wurde die Motorleistung auf 40 PS angehoben, ab August *1970* auf 44 PS. Im gleichen Jahr erschien ein überarbeiteter Käfer mit größerem Kofferraum, neuem Fahrwerk mit McPhershon-Federbeinen vorn und einer Schräglenkerachse hinten und mit der Typenbezeichnung 1302, wahlweise auch als 1302 S mit 50-PS-Motor.

1972 folgte der VW 1303, an sich das gleiche Modell, aber mit Panoramascheibe vorn und neuem Armaturenbrett und in dieser Form letztes Baumuster in der kontinuierlichen Entwicklung des Käfers.

Am 12. Februar bereits hatte die Käfer-Produktion die des Ford T mit mehr als 15 Millionen Exemplaren übertroffen; knapp neun Jahre später rollte der 20millionste vom Band. Bis heute sind mehr als 20,6 Millionen Käfer aller Typen produziert worden, ein einmaliger Rekord. Weltweit existieren noch rund acht Millionen Käfer; allein in der Bundesrepublik sind noch knapp eine Million zugelassen.

Von den 5115 Bauteilen, aus denen ein kompletter Käfer besteht, ist im Laufe der Reifejahre nur ein einziges unverändert geblieben: die Klemmleiste für die vordere Haubendichtung.

1957 saw some important changes, notably a still larger rear window and a completely new dashboard. In 1960 the engine output was again increased, this time by 13 percent to 34 bhp, a sensation at the time.

In the sixties, when the Beetle had become the best-selling production car in the world, over a million cars per year were coming off the lines and the Beetle was constantly being improved: flashing turn signals replaced the hitherto customary trafficators in 1960, in 1964 all models were given a larger glass area all-round, in 1965 the engine output was increased to 40 bhp, from August 1970 to 44 bhp. In the same year a reworked Beetle appeared with larger luggage boot, new running gear with McPherson struts at the front and semi-trailing arm axle at the rear designated Type 1302, or 1302 S with 50 bhp engine.

In 1972 came the VW 1303, actually the same model but with panoramic windscreen and a new dashboard and in this form the last design in the constant development of the Beetle.

By 12th February Beetle production had exceeded that of the Model T Ford with more than 15 million units; barely nine years later the 20-millionth came off the line. So far over 20.6 million Beetles of all types have been produced, a unique record. World-wide there still exist some eight million Beetles; in the Federal Republik alone just under a million are still registered.

Of the 5,115 components which go to make up a complete Beetle only one has remained unchanged throughout its years of maturity: the clamping strip for the front lid seal.

Voller Stolz posieren Werksangehörige vor den ersten zur Auslieferung bereitstehenden Serien-Käfern im Kriegsjahr 1941.
Members of the workforce pose proudly in front of the first mass produced Beetle ready for delivery in the war year 1941.

Der VW Typ 87, ein Käfer mit Allradantrieb für die Wehrmacht, bekannter unter der Bezeichnung „Kommandeurswagen".
The VW Type 87, a Beetle with four wheel drive for the German army, better known under the name „Kommandeurswagen" (Commanding officer's vehicle).

Käfer-Produktionsstätten weltweit		**Beetle assembly lines worldwide**
Bundesrepublik Deutschland		*Federal Republic of Germany*
Wolfsburg	1938–1974	Wolfsburg
Emden	1964–1978	Emden
Hannover	1974–1975	Hanover
Ingolstadt	1965–1969	Ingolstadt
Osnabrück (Cabriolet)	1949–1980	Osnabrück (Convertible)
Australien	1957–1976	Australia
Belgien	1954–1975	Belgium
Brasilien	1953–	Brazil
Costa Rica	1970–1975 (Import)	Costa Rica
Indonesien	1972–1976	Indonesia
Irland	1950–1977 (Import)	Ireland
Jugoslawien	1973–1976	Yugoslavia
Malaysia	1968–1977 (Import)	Malaysia
Mexiko	1954–	Mexico
Neuseeland	1954–1972 (Import)	New Zealand
Nigeria	1975–	Nigeria
Peru	1966– (Import)	Peru
Philippinen	1959–1981 (Import)	Philippines
Portugal	1964–1976 (Import)	Portugal
Singapur	1968–1974 (Import)	Singapore
Südafrika	1951–1979	South Africa
Thailand	1972–1974 (Import)	Thailand
Uruguay	1961–1982 (Import)	Uruguay
Venezuela	1963–1981 (Import)	Venezuela

Statt der geplanten Großserienproduktion von KdF-Wagen liefen vor allem geländegängige Kübelwagen (VW 82) von den Bändern. Bis Kriegsende etwa 55 000 Exemplare.

Instead of the planned mass production of KdF cars, it was the Kübelwagen (VW 82), the vehicle designed for all-terrain use, which rolled off the production line in large numbers. By the end of the war some 55 000 had been built.

Not macht erfinderisch: Käfer und Kübelwagen wurden während des Krieges wegen akuter Treibstoffknappheit versuchsweise auch mit Holzgasgeneratoren ausgerüstet.

Necessity is the mother of invention: Because of the acute lack of fuel, experiments were made during the war with Kübelwagens and Beetles equipped with wood gas generators.

Eine der bekanntesten Porsche-Konstruktionen auf Käfer-Basis: der Schwimmwagen VW 166. Bis 1944 wurden mehr als 14 000 Stück gebaut.

One of the best-known Porsche designs based on the Beetle: The amphibian VW 166. By 1944 more than 14 000 had been built.

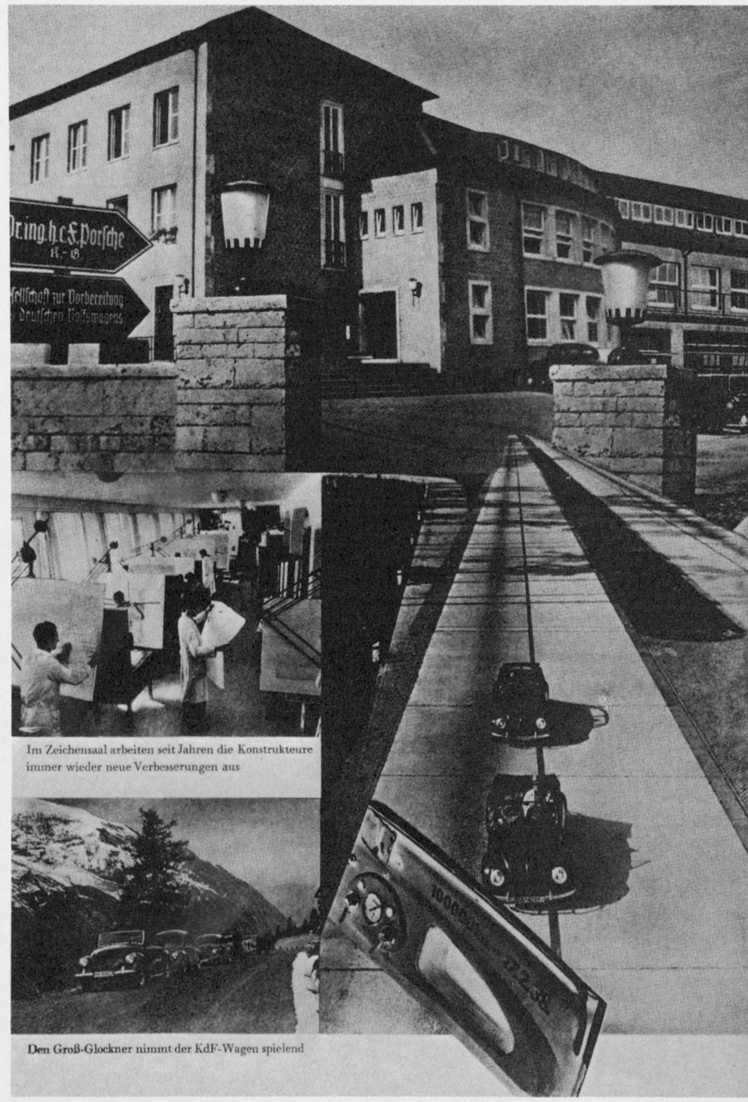

KdF-Wagen-Prospekt von 1938

KdF-Wagen brochure from 1938

Prospekte, Briefmarken und Postkarten

Brochures, stamps and post cards

Fahrgestell des KdF-Wagens mit aufmontierten Vordersitzen, von oben gesehen

Der Innenlenker, Preis RM 990.- ab Werk Fallersleben

TECHNISCHE EINZELHEITEN

Das Fahrgestell hat einen durch Stahlbleche abgedeckten Mittelprofilrahmen mit einer hinteren Gabelung zur Aufnahme der Antriebsaggregate (Motor, Kupplung, Getriebe, Differential und Hinterachse). Das Reserverad ist auf dem Rahmenkopf angebracht. Dadurch wird bei etwaigen Zusammenstößen die Gefahr für die Insassen stark herabgesetzt.
Der KdF=Wagen ist mit Warmluftheizung ausgestattet. Die angewärmte Gebläseluft des Motors wird durch Hohlträger in den Fahrgastraum und an die Windschutzscheibe zur Beheizung geführt.

Antrieb:	Auf Hinterräder.
Federung:	Durch verkapselte Drehstabfederung. Jedes Rad ist einzeln aufgehängt (Vollschwingachse).
Schmierung:	Die wenigen Schmierstellen des KdF=Wagens sind mit Schmiernippeln ausgestattet.
Vierradbremse:	Die mechanische Bremse wirkt als Innenbackenbremse auf alle 4 Räder. Die Bremsseile sind im Rahmen geführt und vollkommen geschützt. Die zwischen den Vordersitzen angeordnete Handbremse wirkt ebenfalls auf alle 4 Räder.
Reifengröße:	Vorn und hinten 4,5/16.
Radstand:	2400 mm, Spur: Vorn 1290 mm, hinten 1250 mm.
Bodenfreiheit:	220 mm bei einer Belastung mit 4 Personen zu je 75 kg und etwa 50 kg Gepäck.
Eigengewicht:	650 kg fahrfertig.
Wagenlänge:	4,20 m, Wagenbreite: 1,55 m, Wagenhöhe 1,55 m.
Karosserie:	In Ganzstahlausführung ist der Stromlinienform weitgehend angenähert. Sie bietet bequem Platz für 4 Personen. Selbst auf längeren Reisen können 4 Erwachsene und 1 Kind mit Gepäck gut untergebracht werden.
Lackierung:	Blaugrau.

6

Der Innenlenker mit Faltdach (Cabriolimousine)
Preis: Wegen der höheren Produktionskosten kommt ein Aufschlag von RM 60.- hinzu

DER MOTOR DES KDF=WAGENS

Der KDF=Wagen hat einen Vierzylinder=Boxermotor, der im Heck des Wagens untergebracht ist. Die Zylinder arbeiten im Viertakt und haben einen Hubraum von 986 ccm. Bei einer normalen Drehzahl von 3000 p. M. leistet der Wagen 23,5 PS, das entspricht einer Stundengeschwindigkeit von rund 100 km.

Der Motor hat Luftkühlung. Im Luftführungsgehäuse ist der Ölkühler untergebracht, der so bemessen ist, daß niedrige Öltemperaturen auch bei größter Beanspruchung stets für eine ausreichende Schmierung aller Schmierstellen des Motors sorgen. Hierdurch wird die erstaunliche Autobahnfestigkeit des KDF=Wagens erreicht, die Höchstgeschwindigkeit gleich Dauergeschwindigkeit sein läßt.
Die Kühlung wird nicht wie bei einem vorn liegenden Motor von der Geschwindigkeit des Fahrzeuges beeinflußt, sondern hängt von der Drehzahl des Motors ab. Dadurch wird in gebirgigem Gelände selbst bei geringer Geschwindigkeit und höchster Motorbeanspruchung eine Überhitzung restlos vermieden.

Ventile:	kopfgesteuert.
Zündung:	Batterie=Lichtmaschinenzündung.
Batterie:	6 Volt.
Lichtmaschine:	spannungsregulierend.
Anlasser:	mit Ritzel auf Schwungrad wirkend.
Vergaser:	Fallstromvergaser.

8

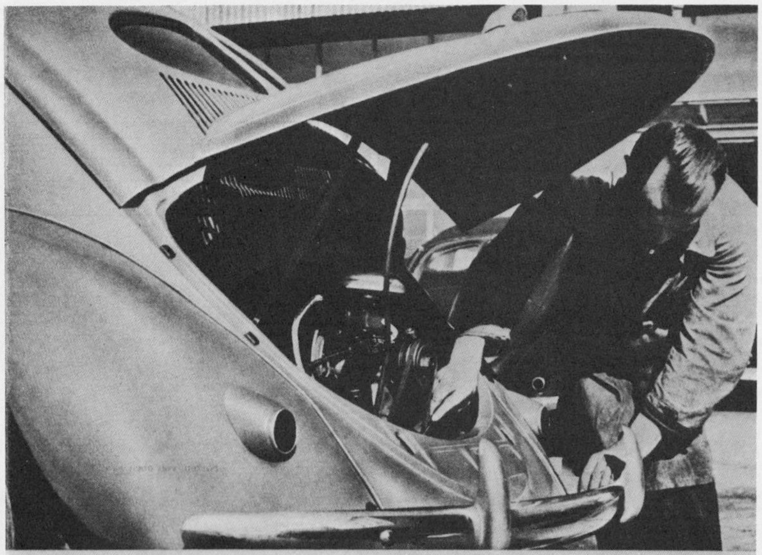

Der Motor im Heck des KdF-Wagens ist gut zugänglich

Kraftstoff=Förderung:	entsprechend den bestehenden Vorschriften sind Motor und Benzintank voneinander getrennt untergebracht. Eine Kraftstoffpumpe fördert das Benzin vom Tank zum Motor.
Kupplung:	Einscheibentrockenkupplung.
Getriebe:	4 Vorwärtsgänge, 1 Rückwärtsgang, 3. und 4. Gang geräuscharm. Die Höchstgeschwindigkeit des 1. Ganges ist 20 km, des 2. Ganges 40 km, des 3. Ganges 65 km in der Stunde.
Ölverbrauch:	normal nur bei Ölwechsel (2,5 Liter für etwa 2500 Kilometer).
Kraftstoff=Verbrauch:	6 bis 7 Liter Benzin auf 100 Kilometer je nach Fahrweise und Gelände.

Der Motor des KDF=Wagens zeichnet sich durch leichte Zugänglichkeit zu seinen Einzelteilen aus, der Motoraus= und =einbau ist in kürzester Frist durchzuführen, man braucht dazu etwa je 10 Min. Der Motor des KDF=Wagens ist so konstruiert, daß alle Sorten Benzin des In= und Auslandes gefahren werden können.

Und die Reparaturen?
Es werden neuartige Wege beschritten werden, die Ausgaben für Reparaturen, wenn sie notwendig werden sollten, so niedrig wie möglich zu halten. Eine Vereinfachung ist schon dadurch gegeben, daß die einzelnen Teile des KdF-Wagens, auch der Motor, gut zugänglich sind und ebenso leicht montiert werden können. Ferner werden eine ganze Reihe Austauschteile vorbereitet. Bei größeren Unfällen tritt die Versicherung in Kraft.

9

Der Gangschalter und die Handbremse sind zwischen den Sitzen angeordnet, so daß das Einsteigen von der rechten Wagenseite zum Führersitz ungehindert vor sich gehen kann.

Die breite Tür des KdF=Wagens mit Fensterkurbel und Klinke.

Der Benzintank im Vorderteil des KdF=Wagens faßt 25 Liter einschließlich Reserve. Die 3–4 Liter Reservebenzin reichen zu einer Fahrstrecke von rund 50 Kilometern, so daß in jedem Falle eine Tankstelle erreicht werden kann. Davor das Reserverad.

Der Gepäckraum ist beim KdF=Wagen besonders reichlich bemessen. Auch auf längeren Fahrten reicht er für 4 bis 5 Personen vollkommen aus. Hinter den Rücksitzen ist ein Raum für mehrere größere Handkoffer nebst zusätzlichem Kleingepäck wie Schreibmaschine, Grammophon, Badezeug usw. Unter der Vorderhaube können außerdem Rucksäcke, Decken oder ein mittlerer Koffer untergebracht werden.

Alle Fenster sind sehr groß gehalten, auch das Rückfenster, das ebenfalls aus Glas besteht. Über dem Rückfenster befindet sich die Wageninnenbeleuchtung.
Der KdF=Wagen hat einen Doppelscheibenwischer. Der Antrieb liegt verdeckt unterhalb der Windschutzscheibe. Er stört somit nicht das Blickfeld.

Die Schnittzeichnung zeigt die Anordnung aller Sitze
zwischen den Achsen, die reichliche Bemessung der Karosserie und die Unterbringungsmöglichkeiten für Gepäck

FAHREIGENSCHAFTEN

Die große Windschutzscheibe sichert einen guten Straßenüberblick

Bei den grundlegenden Entwürfen für den Aufbau des KdF-Wagens zog der Konstrukteur Dr. Porsche vielfach seine Erfahrungen aus dem Rennwagenbau heran. Obwohl der Vergleich eines vielhundertpferdigen Rennfahrzeugs, das ausschließlich für die Entwicklung höchster Geschwindigkeiten gebaut ist, mit einem Fahrzeug für den täglichen Gebrauch einer mehrköpfigen Familie auf den ersten Blick sonderbar erscheinen mag, so findet der Techniker doch hier mancherlei Parallele:

Das Gewicht des vollbesetzten KdF-Wagens und das des startbereiten Rennwagens sind nahezu gleich, d. h. um 1000 kg. Radstand und Spur sind beim Rennwagen zwar etwas größer, aber hinsichtlich der Federung und Gewichtsverteilung ergeben sich wertvolle Hinweise der einen Konstruktion auf die andere. Wie es beim Rennwagen von größter Wichtigkeit schien, eine Verschiebung der Gewichtsverteilung zwischen Vorder- und Hinterrädern durch die allmähliche Entleerung des gewaltigen Benzintanks und

20

dessen rasche Wiederauffüllung zu vermeiden, so war beim KdF-Wagen ein ganz ähnliches Problem durch die wechselnde Besetzung mit einer Person oder mit fünf Insassen zu bewältigen.

Dieses Problem wurde dadurch gelöst, daß beim KdF-Wagen die Sitze im Gegensatz zu den Ausführungen der meisten Wagentypen so weit nach vorn verlegt wurden, daß die Gewichtsverteilung nahezu unverändert bleibt, gleichgültig ob der Wagen mit einer oder fünf Personen besetzt ist!

Vorn blieb dann noch genügend Platz für die Unterbringung des Tanks und Reserverads, während der Motor mit Kupplung, Getriebe und Differential, zu einem Block zusammengefaßt, im Heck des Wagens untergebracht wurde.

Eine Anordnung der vorgesehenen vier Zylinder in einer Reihe hätte nun aber einen zu langen rückwärtigen Ausbau ergeben und außerdem die Schwerpunktlage ungünstig beeinflußt. Man griff daher zu der weit kürzeren und leichteren Boxer-Anordnung, die eine geradezu als ideal zu bezeichnende Gewichtsverteilung von etwa 44 Proz. vorn und 56 Proz. hinten ergibt, die auch der idealen Gewichtsverteilung eines Rennwagens entspricht.

Als selbstverständlich erschien außerdem die Konstruktion des KdF-Wagens als Vollschwingachser, die sich nicht nur im Rennwagenbau, sondern auch bei Zehntausenden von deutschen Gebrauchswagen bestens bewährt hatte. Während bei den Vorderrädern hierfür ein parallel in Fahrtrichtung schwingendes System gewählt wurde, ist hinten eine elastisch verstrebte Pendelachse vorgesehen – Schwingachssystem, die sich in nahezu gleicher Ausführung beim Auto-Union-Rennwagen vorfindet. Der Erfolg ist eine ganz ausgezeichnete Straßenlage. Sie gibt dem Fahrer auch beim Nehmen scharfer Kurven in hohem Tempo ein außerordentliches Gefühl der Sicherheit.

Das Armaturenbrett ist sehr übersichtlich. Rechts und links zwei Aufbewahrungskästen. Dazwischen der Tachometer sowie ein Raum für ein Rundfunkgerät. (Für den KdF=Wagen wird ein Spezialrundfunkgerät mit Europaempfang entwickelt.)

Der Tachometer enthält Geschwindigkeitsmesser und Kilometerzähler. Um den Tachometer sind vier Kontrollämpchen angeordnet: Links oben meldet sich ein rotes Licht, wenn die Ladearbeit der Lichtmaschine aus irgendwelchen Gründen unterbrochen ist. Darunter leuchtet ein grünes Licht auf, wenn der Öldruck der Motorschmierung nicht ausreicht. Rechts oben zeigt ein gelbrotes Licht die Tätigkeit der Winker an, und darunter ein blaues, daß die Scheinwerfer auf volles Licht geschaltet sind.

Unterhalb des Tachometers wird mit dem Schlüssel die Zündung eingeschaltet. Links davon der Bedienungshebel für die Scheibenwischer, rechts für die Lichtschaltung.

In der Mitte des Armaturenbretts ist unten der Starterknopf und oben der Bedienungshebel für die Winker angebracht.

Vor dem linken Vordersitz befindet sich das Lenkrad mit eingebautem Signalknopf.

Zur Fußbedienung: Scheinwerferumschaltung, Kupplungs=, Brems= und Gaspedal. Rechts der Benzinumschalter (Dreiwegehahn).

13

Besonders angenehm ist es für die Insassen, daß sich als Folge des angewendeten Hinterachsensystems der Wagenkasten in Kurven fast überhaupt nicht nach der Außenseite neigt. Die Lage der Sitze zwischen den Achsen, also im besten Federungsbereich, läßt auch schwere Straßenunebenheiten den Insassen kaum bemerkbar werden.

Die weitere Folge davon ist, daß mit dem KdF=Wagen viele hundert Kilometer in einem Zuge zurückgelegt werden können, ohne daß Insassen und Fahrer ermüden; dadurch werden auch weite Reisen zu einer ungetrübten Freude!

23

Oettinger-Prospekt von 1956

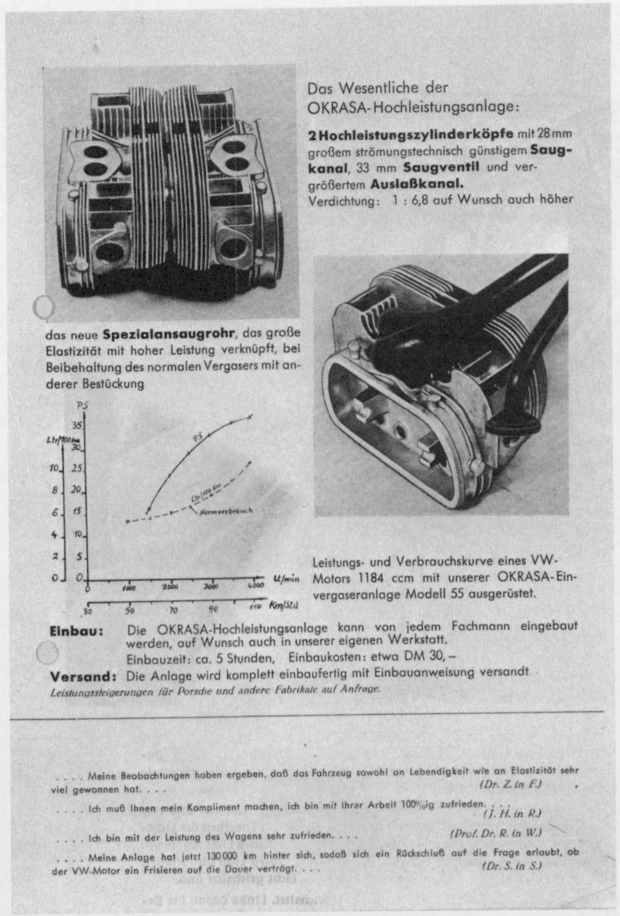

Das Wesentliche der OKRASA-Hochleistungsanlage:

2 Hochleistungszylinderköpfe mit 28 mm großem strömungstechnisch günstigem **Saugkanal**, 33 mm **Saugventil** und vergrößertem **Auslaßkanal.**
Verdichtung: 1 : 6,8 auf Wunsch auch höher

das neue **Spezialansaugrohr**, das große Elastizität mit hoher Leistung verknüpft, bei Beibehaltung des normalen Vergasers mit anderer Bestückung

Leistungs- und Verbrauchskurve eines VW-Motors 1184 ccm mit unserer OKRASA-Einvergaseranlage Modell 55 ausgerüstet.

Einbau: Die OKRASA-Hochleistungsanlage kann von jedem Fachmann eingebaut werden, auf Wunsch auch in unserer eigenen Werkstatt.
Einbauzeit: ca. 5 Stunden, Einbaukosten: etwa DM 30,–

Versand: Die Anlage wird komplett einbaufertig mit Einbauanweisung versandt.

Leistungssteigerungen für Porsche und andere Fabrikate auf Anfrage.

. . . . Meine Beobachtungen haben ergeben, daß das Fahrzeug sowohl an Lebendigkeit wie an Elastizität sehr viel gewonnen hat. . . . *(Dr. Z. in F.)*

. . . . Ich muß Ihnen mein Kompliment machen, ich bin mit Ihrer Arbeit 100%ig zufrieden. . . . *(J. H. in R.)*

. . . . Ich bin mit der Leistung des Wagens sehr zufrieden. . . . *(Prof. Dr. R. in W.)*

. . . . Meine Anlage hat jetzt 130 000 km hinter sich, sodaß sich ein Rückschluß auf die Frage erlaubt, ob der VW-Motor ein Frisieren auf die Dauer verträgt. . . . *(Dr. S. in S.)*

Oettinger brochure from 1956

Zehn, zwölf Stunden hintereinander in so einem kleinen Ding sind nicht gerade gemütlich."

DIE „SPIRIT OF SANTA PAULA" FLOG UND FLOG UND FLOG.

Es war ein typisch englischer Wettbewerb: Wer Lust und einen Pilotenschein hatte, sollte versuchen, so schnell wie möglich vom Empire State Building in New York zum Fernsehturm im Herzen von London zu kommen. Den Gewinnern dieses transatlantischen Rennens winkten fette Geldprämien der Londoner Tageszeitung Daily Mail. Das kleinste Flugzeug des Wettbewerbs wurde von einem serienmäßigen VW-1200-Motor angetrieben. Sein Pilot war der gebürtige Tscheche und heutige Düsenjet-Pilot einer amerikanischen Fluggesellschaft, Mira Slowak, 40. Nach einer strapaziösen Reise von 175 Stunden, 42 Minuten und 7,11 Sekunden kam er am Ziel an. Als Sieger seiner Klasse.

Mit einem VW-Motor über den Atlantik

Across the Atlantic Ocean with a plane powered by a Beetle engine Mira Slowak and his "Spirit of Santa Paula"

Zwei Modelle stehen zur Wahl: das *Standard-* und das *Export-Modell.* Die kostbare Ausstattung des Export-Modells wurde für die unzähligen ausländischen VW-Freunde und für alle diejenigen geschaffen, die auf beachteten Komfort und besonders bequemes Schalten Wert legen. Im übrigen aber gleichen sich beide Modelle vollkommen in bezug auf Motor, Federung, Ganzstahl-Bauweise, Dreischicht-Lackierung in Kunstharz-Emaille, Heizung, Lüftung und vor allem hinsichtlich der sprichwörtlichen Wirtschaftlichkeit des VW.
Mit dem *VW-Cabriolet* (Karmann-Karosserie) hat man praktisch „Zwei Wagen in einem“: das völlig wind- und wetterfeste geschlossene Automobil für kalte Tage (ebenso warm und behaglich wie die Limousine) und den schicken, offenen Sportwagen.
Auch das *Sonnendach* (Bauart Golde) hat viele Freunde gewonnen. Geschlossen bietet es vollkommene Geborgenheit; und offen macht es den VW gewissermaßen zu einer windgeschützten Ecke inmitten der Natur. Hinzu kommt: auch bei schneller Fahrt ist das in jeder Stellung fixierbare VW-Sonnendach mit einem Griff leicht zu öffnen und zu schließen.

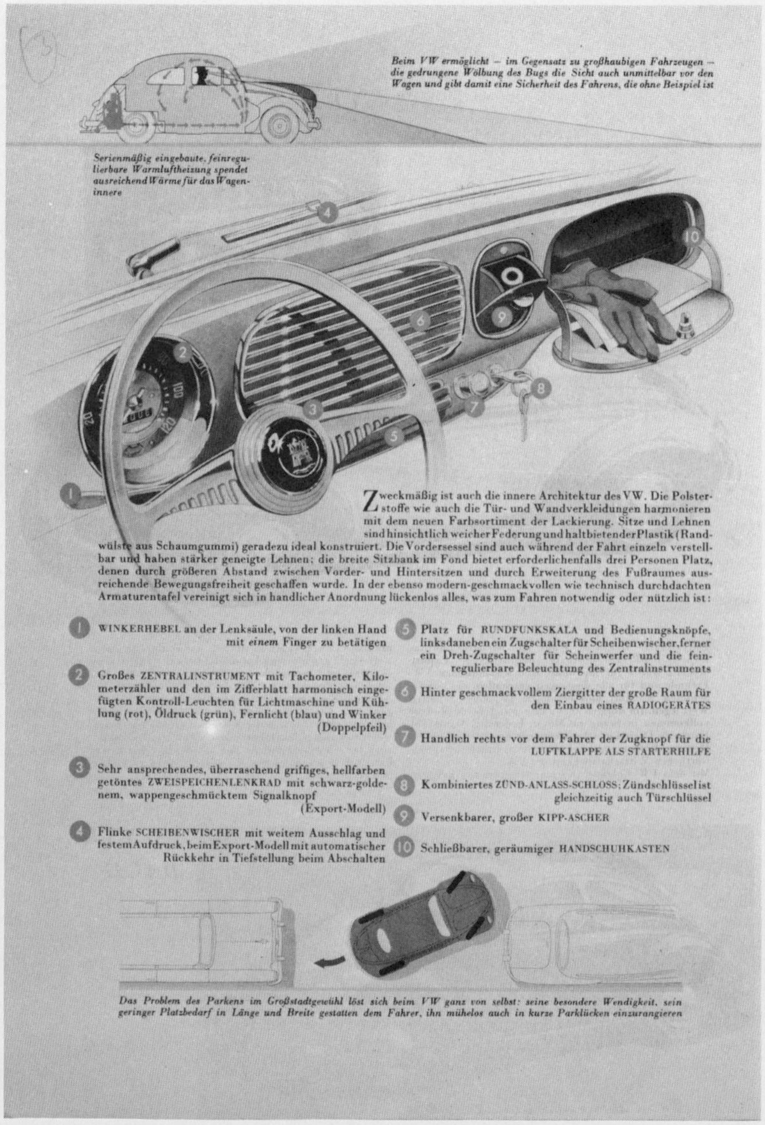

Beim VW ermöglicht – im Gegensatz zu großhaubigen Fahrzeugen – die gedrungene Wölbung des Bugs die Sicht auch unmittelbar vor den Wagen und gibt damit eine Sicherheit des Fahrens, die ohne Beispiel ist

Serienmäßig eingebaute, feinregulierbare Warmluftheizung spendet ausreichend Wärme für das Wageninnere

Zweckmäßig ist auch die innere Architektur des VW. Die Polsterstoffe wie auch die Tür- und Wandverkleidungen harmonieren mit dem neuen Farbsortiment der Lackierung. Sitze und Lehnen sind hinsichtlich weicher Federung und haltbietender Plastik (Randwülste aus Schaumgummi) geradezu ideal konstruiert. Die Vordersessel sind auch während der Fahrt einzeln verstellbar und haben stärker geneigte Lehnen; die breite Sitzbank im Fond bietet erforderlichenfalls drei Personen Platz, denen durch größeren Abstand zwischen Vorder- und Hintersitzen und durch Erweiterung des Fußraumes ausreichende Bewegungsfreiheit geschaffen wurde. In der ebenso modern-geschmackvollen wie technisch durchdachten Armaturentafel vereinigt sich in handlicher Anordnung lückenlos alles, was zum Fahren notwendig oder nützlich ist:

1. WINKERHEBEL an der Lenksäule, von der linken Hand mit *einem* Finger zu betätigen
2. Großes ZENTRALINSTRUMENT mit Tachometer, Kilometerzähler und den im Zifferblatt harmonisch eingefügten Kontroll-Leuchten für Lichtmaschine und Kühlung (rot), Öldruck (grün), Fernlicht (blau) und Winker (Doppelpfeil)
3. Sehr ansprechendes, überraschend griffiges, hellfarben getöntes ZWEISPEICHENLENKRAD mit schwarz-goldenem, wappengeschmücktem Signalknopf (Export-Modell)
4. Flinke SCHEIBENWISCHER mit weitem Ausschlag und festem Aufdruck, beim Export-Modell mit automatischer Rückkehr in Tiefstellung beim Abschalten
5. Platz für RUNDFUNKSKALA und Bedienungsknöpfe, linksdaneben ein Zugschalter für Scheibenwischer, ferner ein Dreh-Zugschalter für Scheinwerfer und die feinregulierbare Beleuchtung des Zentralinstruments
6. Hinter geschmackvollem Ziergitter der große Raum für den Einbau eines RADIOGERÄTES
7. Handlich rechts vor dem Fahrer der Zugknopf für die LUFTKLAPPE ALS STARTERHILFE
8. Kombiniertes ZÜND-ANLASS-SCHLOSS; Zündschlüssel ist gleichzeitig auch Türschlüssel
9. Versenkbarer, großer KIPP-ASCHER
10. Schließbarer, geräumiger HANDSCHUHKASTEN

Das Problem des Parkens im Großstadtgewühl löst sich beim VW ganz von selbst: seine besondere Wendigkeit, sein geringer Platzbedarf in Länge und Breite gestatten dem Fahrer, ihn mühelos auch in kurze Parklücken einzurangieren

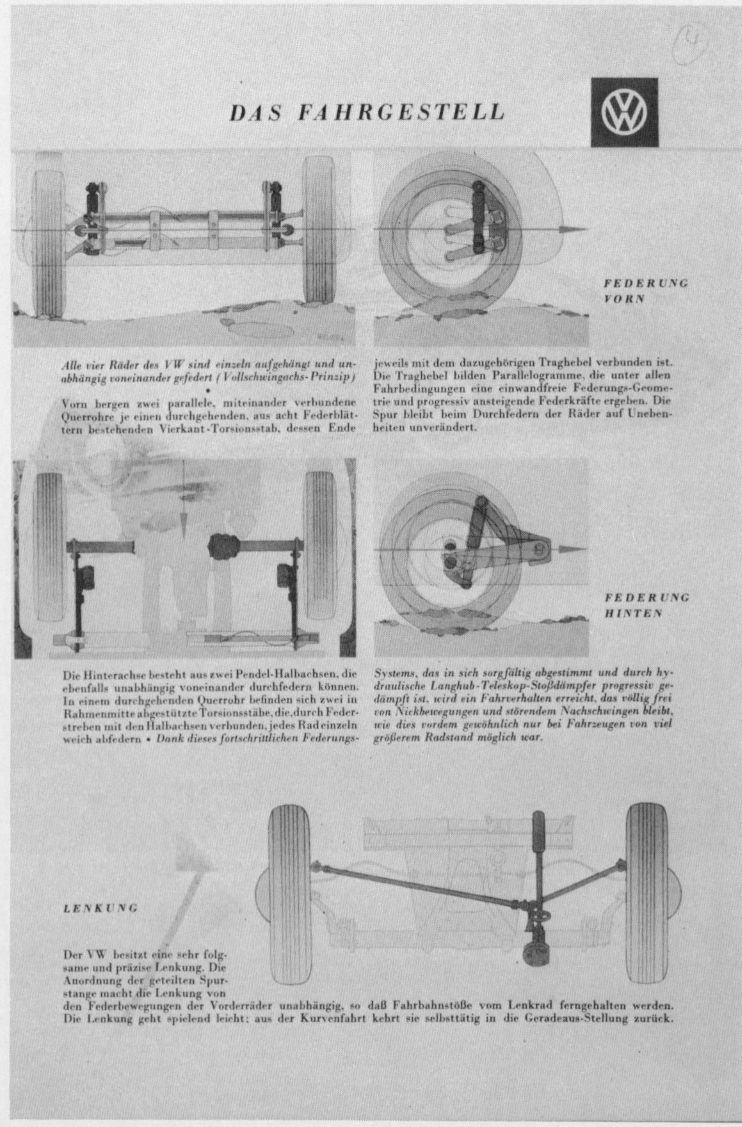

DAS FAHRGESTELL

FEDERUNG VORN

Alle vier Räder des VW sind einzeln aufgehängt und unabhängig voneinander gefedert (Vollschwingachs-Prinzip)

•

Vorn bergen zwei parallele, miteinander verbundene Querrohre je einen durchgehenden, aus acht Federblättern bestehenden Vierkant-Torsionsstab, dessen Ende jeweils mit dem dazugehörigen Traghebel verbunden ist. Die Traghebel bilden Parallelogramme, die unter allen Fahrbedingungen eine einwandfreie Federungs-Geometrie und progressiv ansteigende Federkräfte ergeben. Die Spur bleibt beim Durchfedern der Räder auf Unebenheiten unverändert.

FEDERUNG HINTEN

Die Hinterachse besteht aus zwei Pendel-Halbachsen, die ebenfalls unabhängig voneinander durchfedern können. In einem durchgehenden Querrohr befinden sich zwei in Rahmenmitte abgestützte Torsionsstäbe, die, durch Federstreben mit den Halbachsen verbunden, jedes Rad einzeln weich abfedern • *Dank dieses fortschrittlichen Federungs-Systems, das in sich sorgfältig abgestimmt und durch hydraulische Langhub-Teleskop-Stoßdämpfer progressiv gedämpft ist, wird ein Fahrverhalten erreicht, das völlig frei von Nickbewegungen und störendem Nachschwingen bleibt, wie dies vordem gewöhnlich nur bei Fahrzeugen von viel größerem Radstand möglich war.*

LENKUNG

Der VW besitzt eine sehr folgsame und präzise Lenkung. Die Anordnung der geteilten Spurstange macht die Lenkung von den Federbewegungen der Vorderräder unabhängig, so daß Fahrbahnstöße vom Lenkrad ferngehalten werden. Die Lenkung geht spielend leicht; aus der Kurvenfahrt kehrt sie selbsttätig in die Geradeaus-Stellung zurück.

Käfer-Prospekt von 1954

Beetle brochure from 1954

1 Reserverad
2 Kraftstoffbehälter
3 Lenkgetriebe
4 Hydraulische, doppelt wirkende Langhub-Teleskop-Stoßdämpfer
5 Traghebel der einzeln aufgehängten Vorderräder
6 Tragrohre mit zwei durchgehenden 6-Blatt-Drehfederstäben
7 Geteilte Spurstange

8 Super-Ballonreifen
9 Hauptbremszylinder der hydraulischen Fußbremse
10 Fußhebelwerk
11 Winkerhebel an der Lenksäule
12 Warmluftzuführung der serienmäßigen Heizung

13 Entfroster-Warmluftdüse
14 Schwenkbare Drehfenster mit Innenverriegelung
15 Drehknopf zur Feineinstellung der Warmluftheizung
16 Batterie getrennt vom Motorraum
17 Tragrohr mit rundem Drehstab auf jeder Seite zur Einzelabfederung der Hinterräder
18 Federstreben

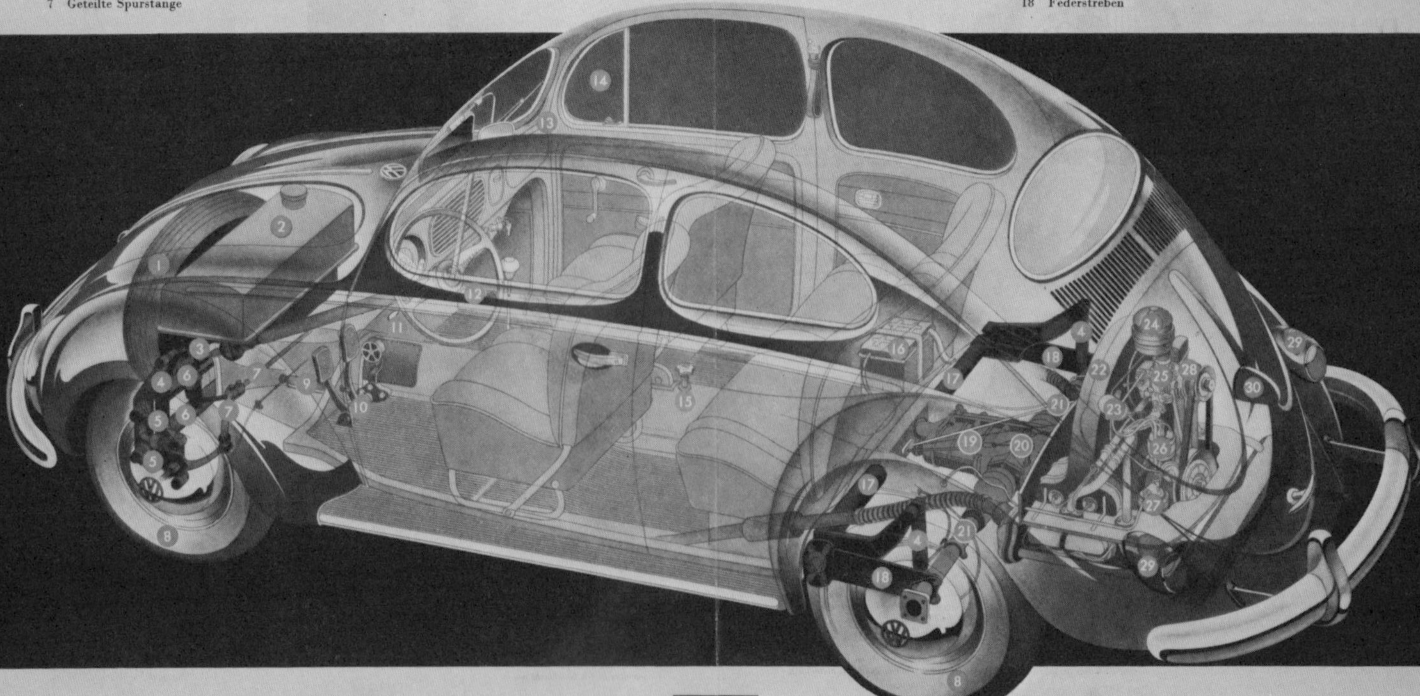

19 Viergang-Sperrsynchrongetriebe
20 Achsantrieb
21 Pendelhalbachsen
22 Kühlgebläse-Gehäuse
23 Zündspule
24 Ölbadluftfilter
25 Solex-Fallstrom-Vergaser mit Beschleunigungspumpe

26 Zündverteiler mit Unterdruckverstellung
27 Kraftstoff-Förderpumpe
28 Lichtmaschine mit Spannungsregler
29 Bremsleuchte kombiniert mit Schlußlichtern und Rückstrahlern
30 Kennzeichen-Leuchte

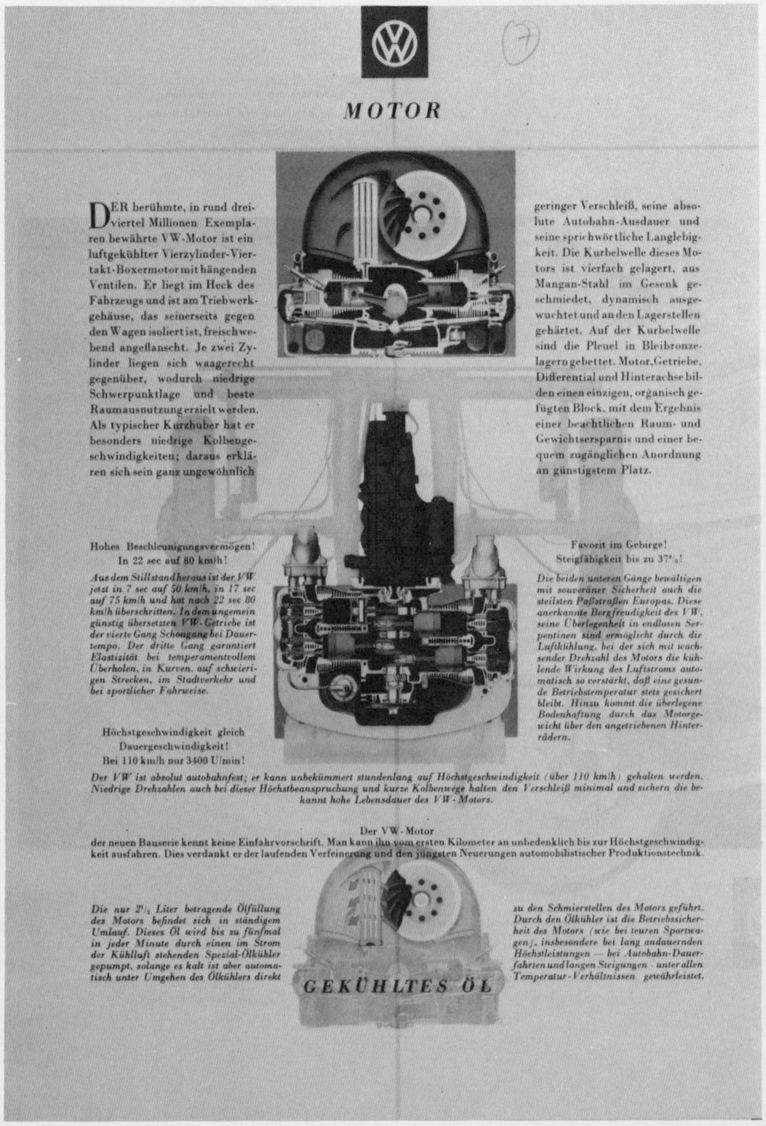

MOTOR

DER berühmte, in rund dreiviertel Millionen Exemplaren bewährte VW-Motor ist ein luftgekühlter Vierzylinder-Viertakt-Boxermotor mit hängenden Ventilen. Er liegt im Heck des Fahrzeugs und ist am Triebwerkgehäuse, das seinerseits gegen den Wagen isoliert ist, freischwebend angeflanscht. Je zwei Zylinder liegen sich waagerecht gegenüber, wodurch niedrige Schwerpunktlage und beste Raumausnutzung erzielt werden. Als typischer Kurzhuber hat er besonders niedrige Kolbengeschwindigkeiten; daraus erklären sich sein ganz ungewöhnlich geringer Verschleiß, seine absolute Autobahn-Ausdauer und seine sprichwörtliche Langlebigkeit. Die Kurbelwelle dieses Motors ist vierfach gelagert, aus Mangan-Stahl im Gesenk geschmiedet, dynamisch ausgewuchtet und an den Lagerstellen gehärtet. Auf der Kurbelwelle sind die Pleuel in Bleibronzelagern gebettet. Motor, Getriebe, Differential und Hinterachse bilden einen einzigen, organisch gefügten Block, mit dem Ergebnis einer beachtlichen Raum- und Gewichtsersparnis und einer bequem zugänglichen Anordnung an günstigstem Platz.

Hohes Beschleunigungsvermögen!
In 22 sec auf 80 km/h!

Aus dem Stillstand heraus ist der VW jetzt in 7 sec auf 50 km/h, in 17 sec auf 75 km/h und hat nach 22 sec 80 km/h überschritten. In dem ungemein günstig übersetzten VW-Getriebe ist der vierte Gang Schongang bei Dauertempo. Der dritte Gang garantiert Elastizität bei temperamentvollem Überholen, in Kurven, auf schwierigen Strecken, im Stadtverkehr und bei sportlicher Fahrweise.

Favorit im Gebirge!
Steigfähigkeit bis zu 37%!

Die beiden unteren Gänge bewältigen mit souveräner Sicherheit auch die steilsten Paßstraßen Europas. Diese anerkannte Bergfreudigkeit des VW, seine Überlegenheit in endlosen Serpentinen sind ermöglicht durch die Luftkühlung, bei der sich mit wachsender Drehzahl des Motors die kühlende Wirkung des Luftstroms automatisch so verstärkt, daß eine gesunde Betriebstemperatur stets gesichert bleibt. Hinzu kommt die überlegene Bodenhaftung durch das Motorgewicht über den angetriebenen Hinterrädern.

Höchstgeschwindigkeit gleich Dauergeschwindigkeit!
Bei 110 km/h nur 3400 U/min!

Der VW ist absolut autobahnfest; er kann unbekümmert stundenlang auf Höchstgeschwindigkeit (über 110 km/h) gehalten werden. Niedrige Drehzahlen auch bei dieser Höchstbeanspruchung und kurze Kolbenwege halten den Verschleiß minimal und sichern die bekannt hohe Lebensdauer des VW-Motors.

Der VW-Motor
der neuen Bauserie kennt keine Einfahrvorschrift. Man kann ihn vom ersten Kilometer an unbedenklich bis zur Höchstgeschwindigkeit ausfahren. Dies verdankt er der laufenden Verfeinerung und den jüngsten Neuerungen automobilistischer Produktionstechnik.

GEKÜHLTES ÖL

Die nur 2½ Liter betragende Ölfüllung des Motors befindet sich in ständigem Umlauf. Dieses Öl wird bis zu fünfmal in jeder Minute durch einen im Strom der Kühlluft stehenden Spezial-Ölkühler gepumpt, solange es kalt ist aber automatisch unter Umgehen des Ölkühlers direkt zu den Schmierstellen des Motors geführt. Durch den Ölkühler ist die Betriebssicherheit des Motors (wie bei teuren Sportwagen), insbesondere bei lang andauernden Höchstleistungen — bei Autobahn-Dauerfahrten und langen Steigungen - unter allen Temperatur-Verhältnissen gewährleistet.

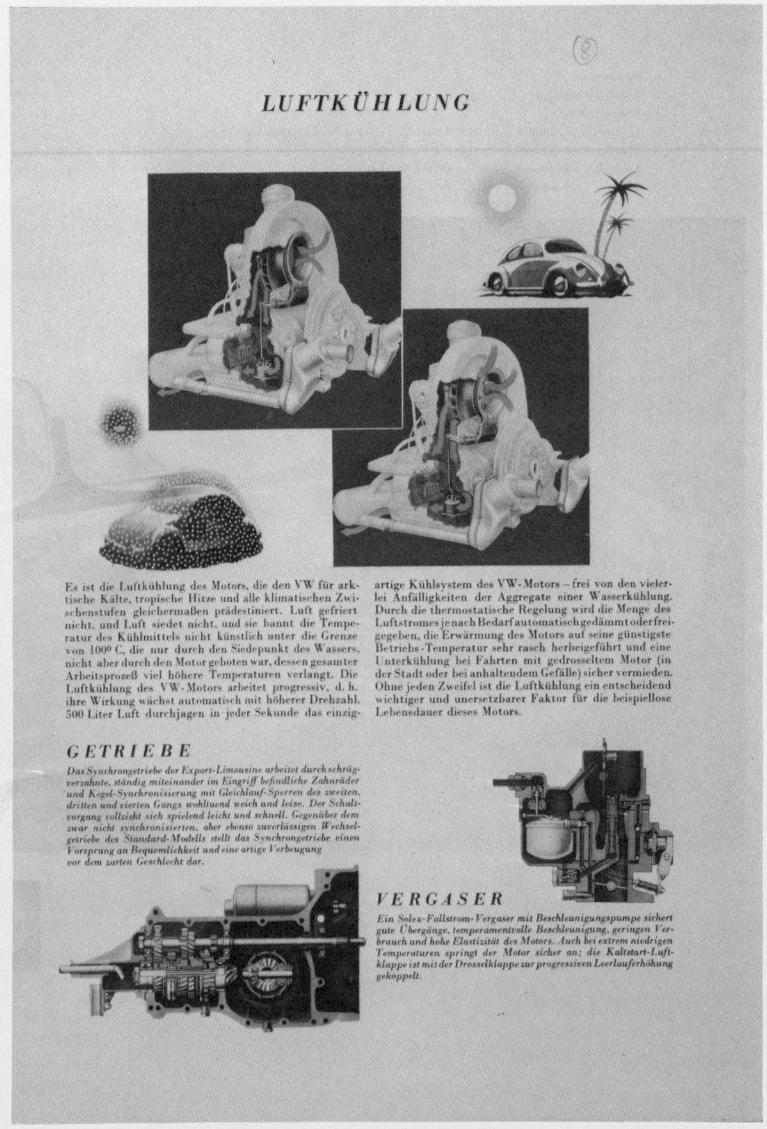

LUFTKÜHLUNG

Es ist die Luftkühlung des Motors, die den VW für arktische Kälte, tropische Hitze und alle klimatischen Zwischenstufen gleichermaßen prädestiniert. Luft gefriert nicht, und Luft siedet nicht, und sie bannt die Temperatur des Kühlmittels nicht künstlich unter die Grenze von 100° C, die nur durch den Siedepunkt des Wassers, nicht aber durch den Motor geboten war, dessen gesamter Arbeitsprozeß viel höhere Temperaturen verlangt. Die Luftkühlung des VW-Motors arbeitet progressiv, d. h. ihre Wirkung wächst automatisch mit höherer Drehzahl. 500 Liter Luft durchjagen in jeder Sekunde das einzigartige Kühlsystem des VW-Motors – frei von den vielerlei Anfälligkeiten der Aggregate einer Wasserkühlung. Durch die thermostatische Regelung wird die Menge des Luftstromes je nach Bedarf automatisch gedämmt oder freigegeben, die Erwärmung des Motors auf seine günstigste Betriebs-Temperatur sehr rasch herbeigeführt und eine Unterkühlung bei Fahrten mit gedrosseltem Motor (in der Stadt oder bei anhaltendem Gefälle) sicher vermieden. Ohne jeden Zweifel ist die Luftkühlung ein entscheidend wichtiger und unersetzbarer Faktor für die beispiellose Lebensdauer dieses Motors.

GETRIEBE

Das Synchrongetriebe der Export-Limousine arbeitet durch schrägverzahnte, ständig miteinander im Eingriff befindliche Zahnräder und Kegel-Synchronisierung mit Gleichlauf-Sperren des zweiten, dritten und vierten Gangs wohltuend weich und leise. Der Schaltvorgang vollzieht sich spielend leicht und schnell. Gegenüber dem zwar nicht synchronisierten, aber ebenso zuverlässigen Wechselgetriebe des Standard-Modells stellt das Synchrongetriebe einen Vorsprung an Bequemlichkeit und eine artige Verbeugung vor dem zarten Geschlecht dar.

VERGASER

Ein Solex-Fallstrom-Vergaser mit Beschleunigungspumpe sichert gute Übergänge, temperamentvolle Beschleunigung, geringen Verbrauch und hohe Elastizität des Motors. Auch bei extrem niedrigen Temperaturen springt der Motor sicher an; die Kaltstart-Luftklappe ist mit der Drosselklappe zur progressiven Leerlauferhöhung gekoppelt.

The Beetle Phenomenon
1937 — 1977

Around the world, there are two manufactured objects which everybody recognises, instantly, by their shape.

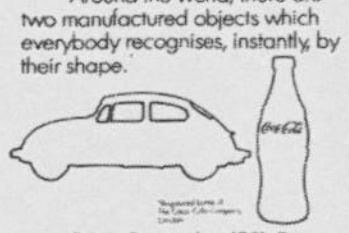

But in September 1931, Dr Ferdinand Porsche's colleagues laughed when he sat down at the drawing board, and drew the outline of his new 'people's car.' It didn't look like a car to them at all, but an insect ... a beetle. How could the Herr Doktor be serious? He had designed some of Europe's most elegant cars, including the rakish, supercharged Mercedes' series.

But Dr Porsche rarely joked–and never at the drawing board. Soon, his colleagues' amusement changed to interest, and finally respect, as Porsche dashed off page after page of sketches and diagrams. They had to admit his Project 12 'Volkswagen' was an unusual but brilliant concept.

It would have an air-cooled engine, which would neither freeze nor boil over. The engine would be mounted behind the rear wheels to improve traction. In this position, it would also eliminate the heavy, power absorbing drive shaft of a 'normal' car. Porsche had also designed a completely new kind of suspension for the car: all independent –using torsion bars. It was lighter and more compact than any other kind, and would give a much smoother ride–especially on rough roads.

Finally–to further reduce weight, Porsche did away with a separate chassis (heresy for a car designer of 1931). Instead, he specified a sheet steel floorpan, corrugated for stiffness, on which body, engine and suspension would be bolted and welded.

In doing so, he'd come up with the 'unitary' principle that's used in all aircraft and most cars today. Dr Porsche's 'beetle' shape was to be reflected in almost 19,000,000 cars, a shape that is now met with smiles. Not of derision, but of affection.

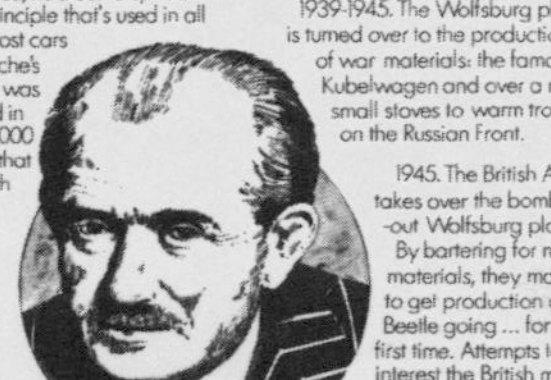

Ferdinand Porsche
The Creator of the Beetle
1875-1951.

Rear View Volkswagen Prototype. 1937

Rear View 1977 Volkswagen Beetle.

The reason for that shape

Ferdinand Porsche wasn't a car 'stylist.' He was an engineer, and all he cared about was finding the strongest and most efficient shape for his car. Which happened to be a

It took a man like Porsche to invent a car like the Beetle

Ferdinand Porsche was the archetypal 'eccentric inventor.' A diminutive, irascible Austrian. He even looked the part in his baggy tweed suit, steel rimmed spectacles, and outsize golfing cap. With no formal engineering training, he was simply a born inventor. As early as 1900, he'd designed a revolutionary transmission system for electric cars, comprising of four electric motors, placed inside the hub of each wheel, eliminating belts and chain drives completely. It won him a Grand Prize at the Paris Universal Exposition of 1900.

In 1906, Porsche, already famous, took over as technical director of Austro Daimler. His colleagues were immediately struck by his passion for cars and engines.

"As contemporaries observed they could see his eyes grow brighter as he listened to the purr or roar of his creations, making mental notes of what had to be adjusted, changed or redesigned ..."

1936. Adolph Hitler, impressed by Porsche's 16 cylinder, 250mph Auto Union racing car, took an interest in the Volkswagen (from a propaganda point of view of course). Hoping to win support by making a mass produced car for the German man in the street he decreed a Volkswagen factory–city at Wolfsburg. And in keeping with his penchant for slogans, he re-named the VW the Kdf Wagen or "Strength through Joy" car.

So that the poorly-paid German working man could afford the car (when it was finally produced), Hitler instituted a special savings scheme. Thousands of Germans put by millions of Marks towards their VWs.

But by 1939 and the outbreak of war not one VW had been sold to the public.

1939-1945. The Wolfsburg plant is turned over to the production of war materials: the famous Kubelwagen and over a million small stoves to warm troops on the Russian Front.

1945. The British Army takes over the bombed -out Wolfsburg plant. By bartering for raw materials, they manage to get production of the Beetle going ... for the first time. Attempts to interest the British motor industry in the Beetle fail. Nobody can see the potential of this strange vehicle.

What people have said about it

"Mr Ford, I don't think what we are being offered here is worth a damn ..." Ernest Breech, Chairman of the Ford Motor Company, when Henry Ford was offered the chance of taking over Volkswagen in 1948.

No bumpers
Tyre size: 4.50:16
Brakes: cable operated

Max speed: 62 mph (100 kph)

Rear hinged doors

Horizontally-opposed, air cooled engine 985cc
5.6: 1 compression ratio
Power: 23.5 bhp DIN at 3,000 rpm
No rear window

1937 Volkswagen Prototype

Rear window (1938)
Front hood release inside car (1949)
Hydraulic brakes (1950)
Swivelling quarterlights (1952)

5.60 × 15 tyres (1952)
Rear window centre pillar disappears (1953)
Flashing indicators introduced (1955)
Double tailpipes (1956)

Rear window enlarged (1958)
Automatic choke introduced (1961)

Windows enlarged (1965)
Dual braking circuit (1967)
12 volt electrical system (1967)
External tank filler (1968)
"Eurobumpers" (1968)
Heated rear window (1969)
Through flow ventilation (1971)
Enlarged tail light cluster (1972)

1977 Volkswagen Beetle (1200)

Customised Beetles, even ploughing Beetles.

What people have done with it

The first "Customised" Beetle was the Kubelwagen (literally, "bucket wagon"), Germany's answer to the jeep during World War II. And due to Porsche's design, what an answer! The ultra-light weight, plus good traction from the rear engine, allowed it to scamper through deep mud, while everything else was bogged down. Air cooling meant it didn't overheat in the North African desert, or freeze up on the Russian Front. Facts which made one Kubelwagen worth 3 jeeps on the black market, after the war. VW also built an amphibious version called the Schwimmwagen, equipped with a sealed body, propeller, and snorkel exhaust. It proved so seaworthy, that actually equipping it with red and green navigation lights was suggested.

More recently, Beetle altering has become a world wide craze, originating in South Africa in '65 when somebody removed a Beetle body and replaced it with an open glass fibre tub, calling the result a dune buggy. Here are some of the wilder examples of current Beetle customising.

Water Beetles

The Beetle has taken to the water intentionally and otherwise and fared well. Three years ago a Beetle with special sealing and two extra fuel tanks called "The Yellow Submarine" completed the 32 miles from Ramsey on the Isle of Man to St Bee's head on the Cumberland coast in 7½ hours, in a Force 6 gale, pounded by heavy seas.

In June 1971, a Beetle took half an hour to make the 1½ mile crossing of Loch Ness. Whilst in an attempt on the Channel 12 years ago, the only reason for failure was the driver's seasickness.

In 1961, in Africa, a newlywed couple were swept down a river in their Beetle, during a storm. They travelled 1000 yards before they were caught by overhanging branches. After 4½ hours, they were winched out by a local farmer. Damage: 1 small dent in the running board. Again in Africa, the whole Gerber family, including four children, were crossing a river when they were swept off the bridge and carried downstream. Mr Gerber managed to climb out through a window, and tried to drag the car to the bank. But he lost his hold and watched in horror as his wife and family floated away. Finally, 900 yards from the bridge, the car ran aground, and wife and children scrambled to safety. After a tractor had pulled the car ashore, the Gerbers climbed aboard, and continued their journey.

Snow Beetles

A famous television commercial showed a Beetle scuttling through a landscape deep in snow. Finally the car stopped beside a large shed, the driver got out, and opened the door

Flying Beetles

Builders of light aircraft quickly realised that Porsche's lightweight flat four engine, constructed of magnesium alloy and aluminium, was virtually a ready made aero engine. At present, there are about 9 makes of aircraft flying with slightly modified Beetle engines. Usually, the only 'mod' required is a special carburettor (for high altitudes and aerobatics).

Desert Beetles

Three Australians once drove a Beetle across the South Australian Stony Desert, one of the hottest, harshest places on earth. It survived through temperatures of up to 130 and 140 degrees in the sun picking it's way over rocks the size of footballs. Hans Kreiss of South West Africa drove his ageing Beetle loaded with 1000 lbs of equipment 1600 miles along the drifting dunes of the notorious Skeleton Coast, and later through the Kaskoveld Mountains. The only mishaps: two punctures.

How Britain got the Bug

The Beetle's entry into Britain in 1953 wasn't easy. Firstly, people were reluctant to have anything to do with what they called 'that German car.' Secondly, a successful small car industry already existed in the UK and in order to compete Volkswagen had to battle uphill all the way. But in spite of early difficulties the Beetle sold. In 1953 sales were just 945. By 1959 they'd risen close to 10,000 and today 200-300,000 Britons are driving around in Beetles. The secret of the Beetle's success? Perhaps, Volkswagen's policy of supporting an excellent product with an excellent service back-up has had something to do with it.

"Herbie"-America's Love Bug

In 1969 a new star was introduced to the glamorous world of films. This was Herbie, hero of "The Love Bug" and later "Herbie rides again," a Beetle with a big heart whose, red, white and blue racing stripes made him world famous almost overnight.

Bill Walsh, producer of both films: "We needed a small car for "The Love Bug" but we didn't know what sort. So we lined some up in front of the Animation building at the studio ... as the employees passed the cars on the way to lunch, they all looked at them. They would kick the tyres, turn the steering wheels, or even reach in and sound the horns. But everyone who went by sort of patted the Volkswagen ... the VW had a personality of its own which reached out and embraced people. Thus we found our star."

40 Years After

The Beetle's broken just about every record going. It's sold more than any other car (19,000,000 to date). It's had a longer production run than any other car (40 years in fact). It's been exported to more countries than any other (140 in all including Tristan da Cuhna where it's the only car. Whilst in the Sudan where

Fiat Topolino (1936-1952)
Model T Ford (1908-1927)
Morris Minor (1947-1970)
Ford Popular (1950-1960)
Renault 4 cv (1950-1958)
Triumph Herald (1959-1969)
Standard 8/10 (1952-1962)
Beetle, (1937–
Lord Rootes, head of the British Commission in 1946" … a type of car like this will remain popular for two or three years if that. To build the car commercially would be a completely uneconomic enterprise."
Heinz Nordoff, head of the Volkswagen factory "The only decision I am really proud of is that I have refused to change Porsche's design. It's hard to remain the same. You can always sell cars by being new. But we chose a different course."
Roy Newquist in the Chicago Heights, Illinois Star "Only the Volkswagen which resembles a pregnant beetle, and the Rolls Royce, which suggests a large bank account seem to have any individuality whatsoever."
1940. The people's Car.
Rear light cluster development:
1937
1961
1967
1972
But in 1962, a standard 1200 Beetle was actually sent to Australia's Mawson research station in Antarctica. It proved faster and more economical than the special tracked vehicles the station used, and it could carry more than a dog sledge. Air cooled, it never froze, tightly sealed, it shut out the drifting powder snow. It could climb even snow covered hills which were almost impassable on foot. It spent a year there, then returned to Australia, where it was immediately entered in the 2000 mile BP rally. It won.
contrary the Beetle survives, and has had almost 5000 improvements made since Porsche's remarkable design first saw light. In 1962 the New York Herald Tribune predicted the Beetle's imminent death. Ironically this year marks the 9th anniversary of the death of the New York Herald Tribune, whilst throughout the world sales of the Beetle continue.
1969 Herbie– "The Love Bug."
A Flying Beetle/The Fournier Single Seater.
G-AYHY
1977 Cabriolet Beetle.
The Beetle's 4 cylinder horizontally opposed air cooled engine.
Schwimmwagen. The first sea-going Beetle.
"The Yellow Submarine" driven by Malc Buchanan, Bill Helin and Roger Ratcliff in June 1973.
The world famous advertising from the 1960's.
Is the economy trying to tell you something?
Nobody's perfect.
Some shapes are hard to improve on.
Ugly is only skin-deep.
A Volkswagen, obviously.
1977 Volkswagen Beetle.

Personenwagen

VW-LIMOUSINE (Standard-Modell)	
serienmäßig lackiert	**DM 3 790**
grundiert	DM 3 745
Mehrpreis für Sonnendach (Bauart GOLDE)	DM 250
VW-LIMOUSINE (Export-Modell)	
serienmäßig lackiert	**DM 4 600**
grundiert	DM 4 555
Mehrpreis für Sonnendach (Bauart GOLDE)	DM 250
VW-CABRIOLET viersitzig . . . . je nach Wunsch Kunstleder- od. Stoffpolsterung — Mehrpreis für Sonderausstattungen (einschließl. Sonderlackierung) auf Anfrage	**DM 5 990**
KARMANN-GHIA-COUPÉ . . . . (auf VW-Chassis Export-Modell) je nach Wunsch Kunstleder oder Stoffpolsterung, serienmäßig lackiert	**DM 7 500**

Transporter

VW-PRITSCHENWAGEN „PICK UP"	
serienmäßig lackiert	**DM 5 725**
grundiert	DM 5 655
Mehrpreis für Spriegel und Plane	DM 250
VW-KASTENWAGEN	
serienmäßig lackiert	**DM 5 975**
grundiert	DM 5 885
Mehrpreis für Flügeltüren beidseitig . . .	DM 250

Preisliste von 1955

1955 price list

Käfer-Postkarten

Beetle postcards

Käfer-Briefmarken und Ersttagsstempel (Briefmarken Sieger)

Beetle postage stamps and day of first issue stamp (Briefmarken Sieger)

Als der Volkswagen noch KdF-Wagen („Kraft durch Freude") hieß: Werbemarke von 1939

Käfer-Produktion am Fließband
Beetle production in assembly line

Käfer-Hochzeit: Karosserie und Fahrgestell werden zusammengefügt
Beetle wedding. Bodywork and chassis are joined together

KÄFER-PRODUKTION 1948
BEETLE PRODUCTION 1948

1950: Alle drei Minuten ein Käfer

1950: One Beetle every three minutes

Aufschwung nach dem Krieg

Out of the Ashes

Das Volkswagenwerk unter britischer Verwaltung

The Volkswagen works under British administration

Major Ivan Hirst war damals für das Käfer-Projekt verantwortlich und brachte die Produktion wieder in Gang.

Major Ivan Hirst was responsible for the Beetle project at that time and he got production rolling again.

März 1946:
der tausendste Käfer

March 1946: The one thousandth Beetle

Oktober 1946: der
zehntausendste Käfer

October 1946: The ten thousandth Beetle

KÄFER IN DER FRÜHEN NACHKRIEGSZEIT
BEETLE IN EARLY POST-WAR YEARS

als Krankenwagen mit eingebauter Trage
as ambulance with built-in stretcher

als Zugmaschine mit verkürztem Radstand
as towing vehicle with shortened wheelbase

als Service-Wagen
as service vehicle

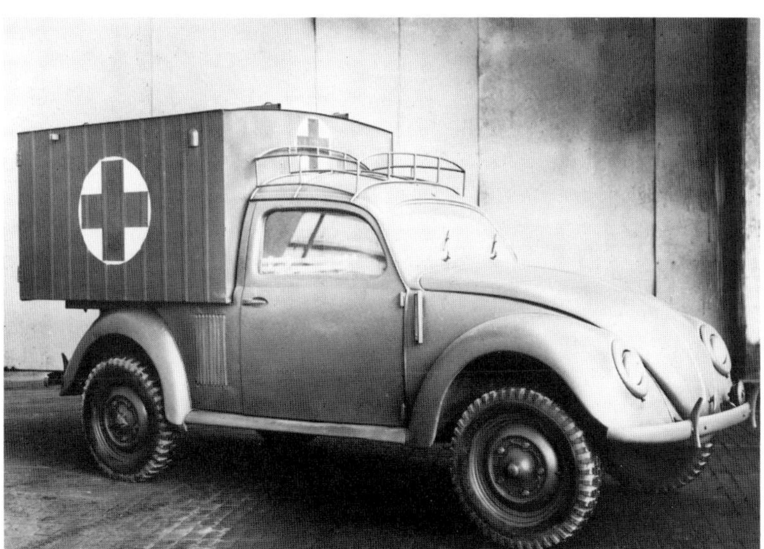

mit Kastenaufbau für das Rote Kreuz und die Post

with van body for the Red Cross and for the Post Office

DER KÄFER WIRD EXPORTIERT: Die Gebrüder Pon aus Amersfoort/Niederlande holen im Oktober 1947 die ersten 56 Limousinen ab.
THE BEETLE IS EXPORTED: The Pon brothers from Amersfoort in the Netherlands collected the first 56 saloons in October 1947.

Sonderanfertigung: Zweifenster-Cabrio für Colonel Radclyffe
Custom built: Convertible with two windows for Colonel Radclyffe

Einzelstück: Hebmüller-Coupé
One-off: Hebmüller-Coupé

Prototyp: Hebmüller-Cabrio
Prototype: Hebmüller convertible

Käfer als Viertürer, 1952
Beetle in four-door version, 1952

POLIZEI-CABRIOS von Hebmüller *POLICE CONVERTIBLES by Hebmüller*

von Papler *by Papler*

von Austro-Tatra ▲▼ *by Austro-Tatra*

Käfer als Fluglotse

Beetle as air-traffic controller

Serien-Cabrios von Karmann

Production convertibles by Karmann

Prominenz im Käfer: Bundeskanzler Konrad Adenauer (links) und Generaldirektor Heinz Nordhoff, 1955

Beetle-borne VIPs: Federal Chancellor Konrad Adenauer (left) and general manager Heinz Nordhoff, 1955

Auch die Polizei fuhr Käfer. Hier der letzte Streifenwagen der Schutzpolizei Mainz, er wurde 1979 ausgemustert.

The police drove Beetles, too. This is the last patrol car of the Mainz police force; it was taken out of service in 1979.

Bei der Post sind die Käfer vereinzelt heute noch im Dienst.

Today, some Beetles are still in service here and there with the Post Office.

KAMEI-Urkäfer von 1953 mit „Tiefensteuer“
Original KAMEI 1953 Beetle with “depth control”

KAMEI-Käfer von 1975 mit aktuellem Zubehör
KAMEI 1975 Beetle with state of the art accessories

Unten links: Käfer-Veteran als Servicewagen
Below, left: Veteran Beetle as service vehicle

Unten rechts: Käfer im Crash-Test
Below, right: Beetle undergoing crash test

AUTOKOMFORT VON KAMEI

IN-CAR CREATURE COMFORT FROM KAMEI

Firmengründer Karl Meier in seinem '53er Käfer mit Armstütze, Kopfrolle und Liegesitzbeschlag

Company founder Karl Meier in his 1953 Beetle with arm rest, head restraint and reclining seat

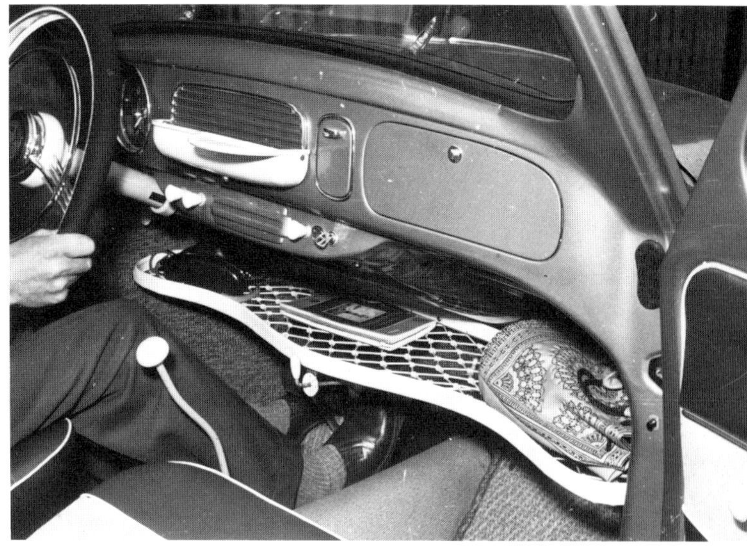

Ablage unter dem Armaturenbrett

Shelf beneath the dashboard

Ablage für Zigaretten und Streichhölzer

Tray for cigarettes and matches

Fußstütze und Gaspedal-Trittplatte

Footrest and accelerator pedal running plate

Sicherheitsablage mit Safe und Blumenvase

Security shelf with safe and flower vase

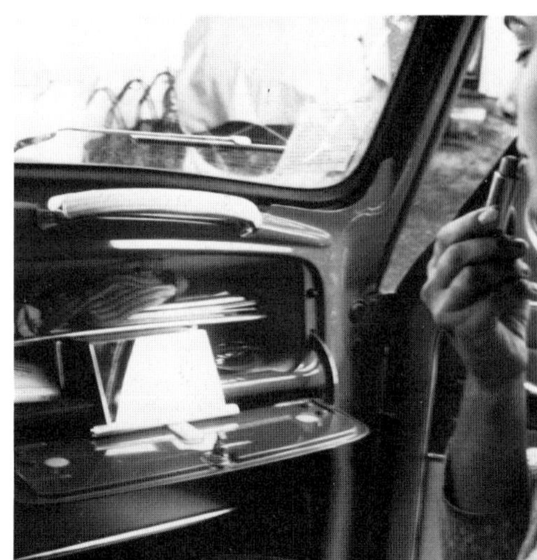

Handschuhkasten-Einsatz mit Make-up-Spiegel

Glove compartment inset with make-up mirror

1 Million

5 Millionen
5 MILLIONEN

Der Millionenkäfer

The “millionth” Beetle

◁ 5. August 1955
5th August 1955

15. September 1965 ▷
15th September 1965

◁ 4. Dezember 1961
4th December 1961

17. Februar 1972 ▷
17th February 1972

15. Mai 1981 ▷
15th May 1981

Kleine Käfer-Kunde

Im Laufe der vergangenen Jahrzehnte hat sich der Käfer äußerlich kaum verändert; auch die technische Grundkonzeption blieb bis heute die gleiche. Trotzdem ist wohl kaum ein Großserien-Auto einer gründlicheren Modellpflege unterzogen worden wie der Käfer. Jahr für Jahr wurde er verbessert. Von den 5115 Bauteilen, aus denen ein kompletter Käfer besteht, ist nur ein Teil bis auf den heutigen Tag unverändert geblieben: die Klemmleiste für die Haubendichtung.

Beetle Summary

Over the decades, the Beetle has hardly changed its appearance at all – the basic technical concept has also remained the same up to today. Nevertheless there is probably no other mass-produced car which has been so thoroughly updated. Year by year it has been improved. Of the 5115 parts which comprise a Beetle, only one has remained unchanged up to now – the clip rail for the bonnet seal.

1938 Schon Jahre zuvor waren die verschiedenen Käfer-Prototypen gelaufen und getestet worden. Aber erst 1938 wurde der Käfer der Öffentlichkeit präsentiert: auf der Berliner Automobil-Ausstellung.

For years previously the various Beetle prototypes had been driven and tested but the Beetle was first presented to the public in 1938 at the Berlin Motor Show.

1946 Im Krieg waren hauptsächlich Militär-VWs gebaut worden; nach Kriegsende ging es dann richtig los. Federführend war zunächst die britische Besatzungsmacht.

During the war the VWs built were mainly for military purposes. After the war, however, they really started up in earnest. The British occupation forces were in charge initially.

1949 Die frühen, recht spartanisch ausgestatteten Käfer lebten als Standard-Modell weiter. Unter Nordhoffs Leitung kam das Export-Modell auf den Markt, mit verbesserter Ausstattung und Chromzierat.

The early Beetle models which had really Spartan equipment were retained as standard models. Under Nordhoff's direction, the Export model with improved equipment and chrome trim came onto the market.

1950 Die intensive Modellpflege begann. Der Export-Käfer bekam hydraulische Bremsen, zur besseren Belüftung Aussparungen in den vorderen Seitenscheiben und für 250 Mark ein Schiebedach.

Intensive model improvements began. The Export Beetle was fitted with hydraulic brakes; recesses in the side windows at the front to improve ventilation; and, for 250 Marks, with a sliding roof.

1951 Der Käfer erhielt Frischluftklappen in den vorderen Seitenteilen, allerdings nur für ein Jahr; die „Rheumaklappen“ hatten sich nicht bewährt.

The Beetle was equipped with side ventilation flaps, however only for a year – the "rheumatism flaps" were not a success.

1952 Ein Jahr der Überraschungen: 15- statt der bisherigen 16-Zoll-Räder; das Getriebe war nunmehr synchronisiert (nur Export-Modell) und die vorderen Seitenscheiben erhielten Ausstellfenster.

A year of surprises: 15 instead of 16 inch wheels; synchromesh gearbox (Export models only); and the front side windows were fitted with vent wings.

1952 Zum letztenmal gibt es den Käfer mit dem typischen Brezel-Fenster. Statt der einzigen Bremsleuchte bekam er zwei winzige oben in den Rücklichtern.

For the last time Beetles had a divided rear windscreen. Instead of only one brake light, two tiny brake lights were incorporated in the rear light units.

1953 Damals eine Sensation: das charakteristische Brezel-Fenster wurde durch eine ovale Heckscheibe ersetzt. Bei älteren Modellen konnte man sie jetzt nachträglich einbauen.

The central dividing rib in the rear window disappeared. It was also possible to fit the oval rear windscreen on older models as a service installation.

1955 Die Motorleistung war schon im Jahr zuvor von 24 auf 30 PS gestiegen. Nun kam ein Auspufftopf mit zwei Endrohren hinzu.

Engine output had been raised from 24 to 30 bhp in the previous year. A dual exhaust was added this year.

1956 Das Schiebedach nun aus witterungsbeständigem Kunststoff. Schlauchlose Reifen wurden eingeführt, damals sensationell.

In the meantime the sliding roof was made of weatherproof PVC. Tubeless tyres were introduced – absolutely sensational at the time.

1957 Eine einschneidende Veränderung: Der Käfer bekommt ein größeres Heckfenster und eine größere Frontscheibe. Die Gaspedal-Rolle wird durch eine Trittplatte ersetzt.

A drastic change: both front and rear windscreens were enlarged. The cylindrical accelerator pedal was replaced by a flat one.

1959 Der Käfer erhält feststehende Türgriffe mit Drucktasten. Für den Beifahrer gibt es eine Fußstütze. Ein Stabilisator an der Vorderachse sorgt für mehr Fahrkomfort.

Fixed door handles with pushbuttons were introduced on the Beetle, also a foot support for the front passenger and a stabiliser on the front axle.

1960 Motor 34 PS; Choke entfällt, Startautomatik; asymm. Abblendlicht, Blinker, Synchronisierung für 1. Gang, Lenkungsdämpfer.

The engine output increased to 34 bhp. The choke was replaced by an automatic starter on the carburettor. Other changes: asymmetricalheadlights, turn signals synchromesh for first gear and a steering damper.

1961 Auch diesmal einige Änderungen: Lenkradschloß, Befestigungspunkte für Sicherheitsgurte und eine Benzinuhr.

Changes were again made this year: steering lock, anchorages for seat belts and a fuel gauge.

1963 Das große Faltschiebedach gibt es nicht mehr, stattdessen neu im Programm: das Stahlkurbeldach, ebenfalls für 250 Mark Aufpreis.

A steel sliding roof replaced the PVC sliding roof, also for an additional charge of 250 Marks.

1965 Der VW 1300 mit vergrößertem Fenster, 40 PS und flachen Radkappen. 34-PS-Motor nur noch im Standard-Käfer.

The VW 1300 with enlarged windows, 40 bhp and flat hubcaps. The 34 bhp engine only for the standard Beetle.

1966 Noch ein neues Modell: der VW 1500 mit 44 PS. Der Käfer erhält eine breitere Hinterachse, bei den Modellen 1300 und 1500 zusätzlich mit einer Ausgleichsfeder.

Another new model: the VW 1500 with 44 bhp. The Beetle was given a wider rear axle and the 1300 and 1600 models had in addition an equalizing spring.

1967 Der Käfer mit senkrecht stehenden Scheinwerfern, kastenförmigen Stoßstangen, Elektrik mit 12 Volt und für 465 Mark eine Automatik.

The Beetle changes its appearance: vertically placed headlights (only on models with higher engine capacity), box-section bumpers, 12 volt electrical system and, for 465 Marks, an automatic gearbox.

1970 Neuer Käfer mit neuem Fahrwerk: Der VW 1302 hat vorn Federbeine und hinten die vom Automatik-Käfer bekannte Doppelgelenkachse. Die S-Version hat 1600 Kubikzentimeter Hubraum und 50 PS.

A new Beetle with new running gear. The VW 1302 has suspension struts at the front and a double-jointed axle at the rear as on the Automatic Beetle. The S version has 1600 cc and 50 bhp.

1971 Mit den Halbmonden hinter den Seitenscheiben war schon im Vorjahr die Zwangsentlüftung eingezogen. Nun gibt es eine neue Motorhaube mit noch mehr Schlitzen.

Through-flow ventilation was introduced in the previous year with crescent-shaped air outlets behind the side windows. This year ventilation is improved with additional air inlets in engine lid.

1972 Der Höhepunkt der Käfer-Entwicklung: der VW 1303 mit Panoramascheibe vorn und neuem Armaturenbrett löst den VW 1302 ab. Die kleine Karosserie lebt als VW 1200 weiter.

The evolution of the Beetle reaches its climax: the VW 1303 with panorama windscreen and new dashboard succeeds the VW 1302. The small body version is retained as the VW 1200.

1974 Auch der VW 1303 wird verbessert: Die Blinkleuchten werden in die Stoßfänger integriert. Der GOLF ist da. Am 1. Juli 1974 läuft in Wolfsburg der letzte Käfer vom Band.

The 1303 is also improved – the turn signals are integrated in the bumpers. The GOLF arrives. The last Beetle leaves the assembly line at Wolfsburg on 1st July 1974.

1975 Die Nachwirkungen der Ölkrise beleben die Käfer-Nachfrage. Der „Sparkäfer" erscheint, ein 1200er Käfer in spartanischer Aufmachung.

As a result of the oil crisis, the demand for the Beetle increases. The "economy Beetle" is brought out – a 1200 Beetle with Spartan fittings.

1978 Am 18. Januar läuft in Emden der letzte deutsche Käfer vom Band. Er hat die Herstellungsnummer 16 255 500. Die Käfer kommen jetzt aus Mexiko. Das Käfer-Cabrio wird noch bis 1980 weitergebaut.

The last German Beetle leaves the assembly line at Emden on 18th January. Its production number is 16 255 500. Beetles now come from Mexico.

Käfer international

Beetle international

Bereit zur Verschiffung nach Übersee: Seit 1978 rollten auf europäischen Straßen ausschließlich Käfer aus mexikanischer Produktion.

Ready to be shipped abroad: Since 1978 Beetles travelling the roads of Europe have been produced exclusively in Mexico.

Käfer-Parade vor der Kulisse des Volkswagenwerks: links zwei VW 38 von 1938, in der Mitte der millionste Käfer von 1955, daneben die Export-Limousine von 1965 und der Spar-Käfer von 1976

Beetle parade in front of the backdrop of the Volkswagen works: On the left two 1938 VW 38, in the middle the one millionth Beetle of 1955, beside it the 1965 export saloon and the 1976 basic Beetle.

1986er
Käfer-Roadster
à la Hebmüller
von Philipp Eller

*1986 Beetle
Roadster à la
Hebmüller by
Philipp Eller*

Käfer als
Speedster von
„Speedster
Cabrio Design"
(Ostermann)

*Beetle as
speedster by
"Speedster
Cabrio Design"
(Ostermann)*

Heute eine gesuchte Rarität: Hebmüller-Käfer von 1949

Today a sought-after rarity: 1949 Hebmüller Beetle

Luxuriös und trotzdem schlicht: Armaturenbrett im Hebmüller-Käfer

Luxurious but not elaborate: dashboard in Hebmüller Beetle

Volks-Royce oder Rolls-Wagen?

Volks-Royce or Rolls-Wagen?

Käfer-Cabrio mit Breitreifen, Kotflügelverbreiterungen und frisiertem Motor von KERSCHER

Beetle convertible with wide tires, flared wheel arches and modified engine by KERSCHER

Oben-Ohne-Käfer: Cabrio von Eller

Topless Beetle: convertible by Eller

Oben-ohne-Käfer Marke Eigenbau

Topless Beetle with the "Homemade" badge

LA-AC 24

Käfer mit individuellem Styling – und trotzdem ein Käfer. Mit viel Sorgfalt und Liebe zum Detail hat ein Käfer-begeisterter Franzose seinen VW 1302 umgebaut.

Beetle with individual styling – but still a Beetle. A French Beetle fan has converted his VW 1302 with a great deal of loving care and attention to detail.

Zur längsten Käfer-Schlange der Welt formierten sich 437 Käfer und Cabrios. Das Ergebnis: 2622 Käfer-Meter und ein Eintrag ins „Guinness-Buch der Rekorde".

Beetles and convertibles got together to form the longest Beetle queue in the world. The result: 2622 meters of Beetle and an entry in the "Guinness Book of Records".

INDIVIDUALITÄT IST TRUMPF

INDIVIDUALITY IS TOPS

ob als Zweifenster-Limousine (links oben)
. . . mit überdimensionalem Heckspoiler (darunter)
. . . im Brezelfenster-Look (unten)
. . . oder als Show-Objekt (rechts)

either as split-screen saloon (top, left)
. . . with oversized rear spoiler
. . . in pretzel-window look (bottom)
. . . or as show attraction (right)

Tuning-Käfer „M-EX 300“ von der Münchener MAHAG

Tuning Beetle "M-EX 300" by MAHAG in Munich

TDE-Käfer mit frisiertem Motor von Theo Decker

TDE Beetles (VW 1302 and 1303) with modified engines by Theo Decker

Auch mit Oettinger-Motor eine (hübsche) Rarität

The version with the Oettinger engine is both pretty and pretty rare, too

Straßenszene in Ouro Preto in Brasilien
Street scene in Ouro Preto in Brazil

△ auf dem Dorfplatz in Nigeria
in a village in Nigeria

◁ Straßenszene in Cusco/Peru
Street scene in Cusco/Peru

◁ auf der Zuckerrohrplantage in Brasilien
on the sugar plantation in Brazil

▽ als Jagdwagen in Nigeria
as hunting vehicle in Nigeria

auf allen Wegen ▷
and just about everywhere

Auch die Polizei schätzte den Käfer, hier in Brasilien

The police value the Beetle, too, here in Brazil

Straßenwacht-Käfer: als „Gelber Engel“ vom ADAC und als Pannenhilfswagen vom ACE

Road patrol Beetle: As "Yellow angel" of the ADAC (Federal German Automobile Club)

Der Käfer weltweit | The Beetle worldwide

Impression aus Afrika: Nicht nur in Uganda schätzt man den Käfer.

Impression from Afrika. The Beetle is prized not only in Uganda.

Unten links: Fleißarbeit: handgeschnitzte Käfer in Nigeria.

Below left: Painstaking work: hand-carved Beetle in Nigeria.

Rechts: In Nigeria werden seit 1975 Käfer montiert. Die dafür erforderlichen Zulieferteile stammen aus Brasilien. Außer diesem Jagdwagen werden selbstverständlich auch „normale" Käfer produziert.

Right: Beetles have been assembled in Nigeria since 1975. The components required are shipped from Brazil. Of course, "normal" Beetles are produced as well as this hunting vehicle.

Einsamer Käfer vor einer Kirche in Libanon.

Lonely Beetle in front of a church in the Lebanon.

Diese Käfer sind bei der Verkehrspolizei in Port Elizabeth/Südafrika im Einsatz.

These Beetles are in use with the traffic police in Port Elizabeth/South Africa.

In Südafrika endete die Käfer-Produktion am 18. Januar 1979.

In South Africa production of Beetles ceased on 18th January 1979.

Käfer als Hochzeitskutsche in Puebla/Mexiko . . .

Beetle as wedding car in Puebla/Mexico . . .

. . . und dazu die passende Musik

. . . with the appropriate music

◁ Käfer – in Indonesien montiert

Beetle – assembled in Indonesia

Neben Mexiko ist Brasilien heute eine der Hauptproduktionsstätten des Käfers.

Alongside Mexico, Brazil is today one of the main Beetle producers.

▷ ▽

Zwischen Oktober 1950 und Januar 1951 legten der belgische Käfer-Importeur P. D'Ieteren und drei Begleiter in einem Käfer und einem VW-Bus bei einer Expedition von Brüssel in den Kongo rund 25 000 Kilometer zurück. Auch schwieriges Gelände, hier eine Furt, schaffte der Käfer mühelos.

Between October 1950 and January 1951, the Belgian Beetle importer P. D'Ieteren and three companions took a Beetle and a VW bus on an expedition from Brussels to the Congo – they covered some 25 000 kilometers. The Beetle coped easily with difficult terrain, in this case a ford.

Auch in Skandinavien ist der Käfer populär: In Dänemark wurde 1956 schon der 25 000ste Käfer seit 1948 ausgeliefert; das Erinnerungsfoto entstand vor dem Rathaus in Kopenhagen.

The Beetle is also popular in Scandinavia: In Denmark, where delivery began in 1948, the 25 000th Beetle was supplied already in 1956; the souvenir photograph was taken in front of the City Hall in Copenhagen.

In Schweden wird der Käfer auch „Elchlippe" genannt.

In Sweden the name for the Beetle is „Elk's Lip".

Vielseitig verwendbar: Käfer als Heu-Wagen und beim Grasmähen.

Versatile: Beetle as haywagon and mower

Einsamer Käfer am Fuß des Matterhorns in der Schweiz.

Lonely Beetle at the foot of the Matterhon in Switzerland.

Der erste und der letzte in der Schweiz zugelassene Käfer am 31. März 1983. Links der erste Käfer von 1948, rechts der letzte. Auf dem Nummernschild ist zugleich die Gesamtzahl der von der AMAG importierten Käfer festgehalten.

The first and the last Beetles registered in Switzerland, together on 31th March 1983. On the left the first Beetle, built in 1948, on the right the last Beetle. The number plate also records the total number of Beetles imported by the AMAG.

Käfer und Formel V. Viele Bauteile sind identisch und sogar untereinander austauschbar.

Beetle and Formular V. Many components are identical and even interchangeable.

Prominenter Formel-V-Pilot: Schwedens König Carl XVI. Gustav. Anton Konrad (links), heute bei VW für PR verantwortlich, gibt Instruktionen.

Prominent Formular V driver: Carl XVI Gustaf of Sweden. Anton Konrad (left), today responsible for Public Relations at VW, is giving instructions.

Käfer als Lotteriegewinn. Für 5 Mark, soviel kostet ein Los, als Preis der ARD-Fernsehlotterie „Ein Platz an der Sonne".

Beetle as lottery prize. For 5 Marks, the price of a ticket, as the prize in the First TV lottery of the Federal Republic of Germany „A Place in the Sun".

Blieb ein Einzelstück: Maxi-Käfer. Heute im AutoMuseum Wolfsburg zu sehen.

It remained a one-off: Maxi-Beetle. Today, it can be seen in the Wolfsburg AutoMuseum.

Ideen muß man haben! Beim Autohaus Nordstadt in Hannover hat man immer eine Attraktion parat: hier ein mit Wasser gefüllter Käfer, absolut wasserdicht und mit einem Taucher am Steuer.

All you need is a good idea. At Autohaus Nordstadt in Hannover they always have a new stunt up their sleeve. This Beetle is full of water, it is absolutely watertight and has a diver at the wheel.

Wolf im Schafspelz: Carrera-Käfer von Nordstadt. Fahrwerk vom VW-Porsche, Motor vom Porsche Carrera, Karosserie vom VW 1303. Das Ergebnis: 213 km/h Höchstgeschwindigkeit.

Wolf in sheep's clothing: Carrera Beetle from Nordstadt. Running gear from VW-Porsche, engine from Porsche Carrera, bodywork from VW 1303. The result: 213 km/h top speed.

Dieter Götting im 160 PS starken Käfer in Zolder.

Dieter Götting in the 160 bhp. Beetle in Zolder.

Konserviert für die Ewigkeit. Als die Cabrio-Fertigung 1980 auslief, ließ Günter Artz aus Hannover sich etwas ganz Besonderes einfallen – und schweißte die Käfer-Raritäten in Plastikfolie ein.

Preserved for eternity. When the production of the convertible ceased in 1980, Günter Artz from Hanover had a very special idea – he wrapped up the Beetle rarities airtight in plastic film.

Maxi-Käfer des Männerballetts Waldrach

Maxi Beetle of the Waldrach "Mens' Prance Club"

besetzt mit 21 Rekruten

With 21 recruits on board

Auch Hunderttausender-Treffen fanden statt: 1952 in Erbach im Odenwald, 1954 auf dem Stuttgarter Killesberg.

There were even gatherings of the one-hundred-thousanders: In 1952 the meeting was in Erbach im Odenwald, in 1954 it was on the Killesberg in Stuttgart.

Früher galt es als außergewöhnliche Leistung, wenn ein Auto 100 000 Kilometer und mehr erreichte. Für jeden Käfer-Fahrer, der das ohne technische Mängel schaffte, spendierte das Volkswagenwerk goldene Uhren, Ehrenurkunden, Anstecknadeln und Plaketten. Als die Aktion 1961 eingestellt wurde, waren mehr als 160 000 Käfer-Fahrer zu Uhr und Ehren gekommen.

In earlier years it was considered an extraordinary achievement when a car covered 100 000 kilometers and more. Beetle drivers who reached the 100 000 kilometer mark without serious mechanical problem were presented with gold watches, certificates, badges and plaques by the Volkswagen company. By the time the scheme was suspended in 1961, honours and watches had been conferred on more than 160 000 Beetle drivers.

24 PS

Diesel-Motor im Käfer

Diesel engine in the Beetle

Käfer-Motoren
Beetle Engines

Frisierte Käfer-Motoren von 90 – 300 PS auf Typ-1-(Käfer)- oder Typ-4-(VW 411)-Basis und, wenn noch mehr Dampf im Alltagsbetrieb gebraucht wird, sogar mit GTI-Motor (Mitte unten) oder Sechszylinder-Porsche-Aggregat darüber. ▷

Modified Beetle engines from 90 to 300 bhp based on Type 1 (Beetle) or Type 4 (VW 411) and, if even more power is needed for the daily run, then even with GTI engine (bottom centre) or six cylinder Porsche powerplant above.

34 PS

Zweizylinder-Wasserboxer

Flat twin water-cooled engine

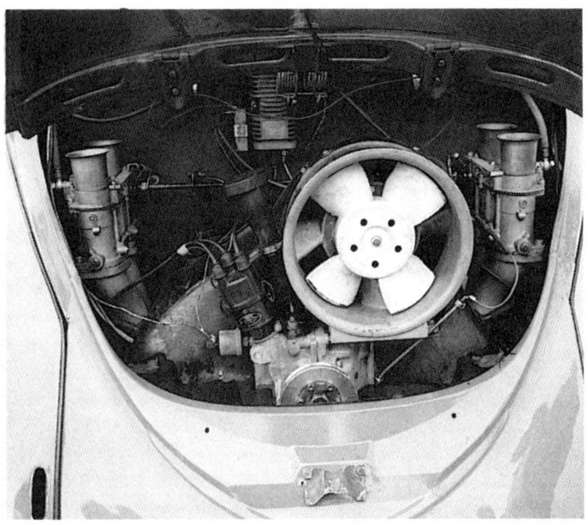

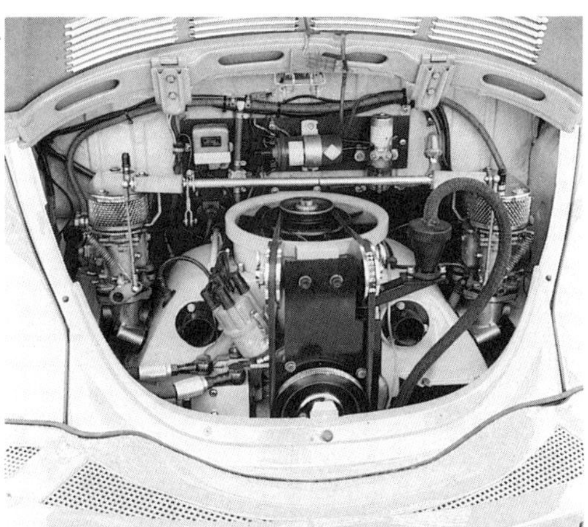

W

Auf dem VW-Testgelände in Ehra-Lessien

On the VW proving ground in Ehra-Lessien

Käfer und Sport

Beetle and Sports

Rallye Spa – Sofia – Lüttich

Spa – Sofia – Lüttich Rally

In Schweden, und nicht nur dort, ist der Käfer auch als Rallye-Cross-Auto sehr beliebt.

In Sweden, and not only there, the Beetle is also very popular as a rally-cross vehicle.

Auch in den Benelux-Ländern weiß man die Vorzüge des Rallye-Cross-Käfers zu schätzen.

In the Benelux Countries as well, the merits of the Rally-cross Beetle are known and appreciated.

In Brasilien sind eigens präparierte Käfer die Stars bei nationalen Rundstreckenrennen.

In Brazil, specially prepared Beetles are the stars of the national circuit races.

◁ Flieg, Käfer flieg! Von Volkswagen – Porsche Salzburg präparierte Käfer (VW 1302 S) entwickelten sich in der Rallye-Saison 1973 zum wahren Favoritenschreck.

Fly Beetle fly! In the course of the 1973 rally season, the Beetle (VW 1302 S) prepared by Volkswagen – Porsche of Salzburg became the terror of race favorites.

△ Käfer bei der Rallye Paris – Dakar 1985 . . .

Beetle in the 1985 Paris – Dakar Rally . . .

. . . und 4000 Kilometer durch Neu-Kaledonien

. . . and 4000 kilometers
▽ *through New Caledonia*

„Gelb-schwarzer Renner", eine Sonderserie des VW 1303 S mit sportlichen Accessoires

"Yellow-black Racer", a special series of the VW 1303 S with sport accessories

SPARK
12
Castrol
Castrol

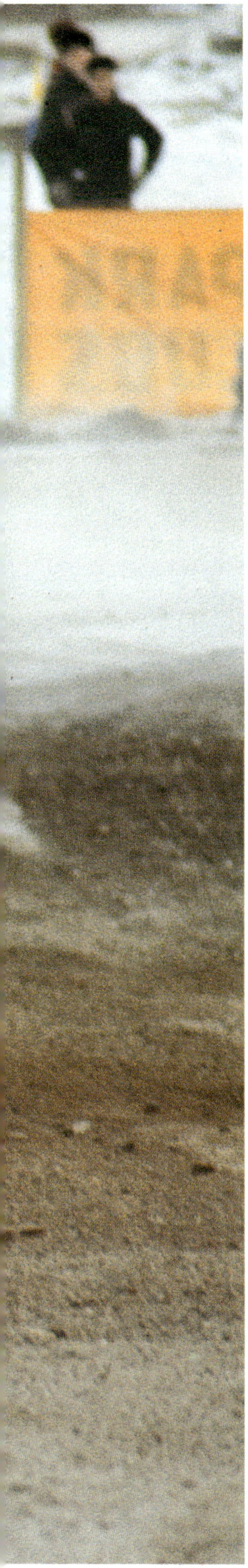

Beliebt auch als Rallye-Cross-Käfer

Also popular as Rally-cross Beetle

Eigenwillig: „Nutrocker“ aus England

With a will of its own: “Nutrocker” from England

◁ △ Rallye-Cross-Rennen in Skandinavien

Rally-cross races in Scandinavia

Der Käfer als Dragster: beim „Käferblasen" in Hanau-Erlensee. – Rechts oben: mit Plastikkarosserie, Gitterrohrchassis und knapp 400 PS; unten: als klassischer (Käfer-) Dragster

The Beetle as dragster: At the "Beetle blowing" in Hanau-Erlensee. – Above, right: with plastic bodywork, tubular space frame and nearly 400 bhp; below: as classic (Beetle) dragster

interglas
Mobil
Mobil
BBS
JÜTTING RACING TEAM
JÜTTING RACING TEAM
Mobil
Konica

USA 1

Dragster-Käfer heute

Dragster Beetle today

Filigran: Vorderwagen im Drag-Käfer

Filigree work: Front end of drag Beetle

Amerikanische Dragster-Legende: EMPI „Inch Pincher“ aus den 60er Jahren

American dragster legend: EMPI “Inch Pincher” of the sixties

„Redrunner“ 1985 ▷

Käfer als Bootsanhänger in den USA

Beetle as boat trailer in the USA

. . . bei der Mainzer Fassenacht

. . . taking part in the Carnival in Mainz

. . . als Pick-Up-Käfer

. . . as pick-up Beetle

. . . als „Bulldog“

Beetle as tractor

. . . als Schneepflug bei OETTINGER

. . . as snowplough at OETTINGER

LEUCHT-KÄFER
Er leuchtet und leuchtet und leuchtet . . .
Eric Staller, New Yorker Architekt und Fotograf, verwandelte seinen VW Käfer mit Hilfe von 1659 Glühlampen und einem Computer in ein Glitzerding, das je nach Wunsch in den verschiedensten Lichtmustern erstrahlen kann. Für den nötigen Strom sorgt ein Generator, der anstelle des Rücksitzes montiert wurde. Fünf Monate Arbeitszeit und rund 20 000 Dollar investierte Staller in seine rollenden Käfer-Lichtspiele.

GLOW BEETLE
It glows and glows and glows . . .
Eric Staller a New York architect and photographer changed his beetle by means of 1659 electric bulbs and a computer into a glittering thing that can sparkle into the most various light patterns desired. A generator which has been installed instead of the rear seat provides for the necessary electricity. Staller invested five months of labour and approximately 20 000 Dollar in his rolling Beetle light game.

Käfer und Kunst

Beetle and Art

„Käfer am Waldrand“ von Bernd Schwering (Roth-Händle-Edition)
“Käfer am Waldrand” by Bernd Schwering (Roth Händle Edition)

Käfer als Druckgrafik von Thomas Bayrle
Beetle as printed graphics by Thomas Bayrle

Von Walter Gotschke stammen die folgenden Käfer-Zeichnungen:

The following Beetle drawings are from Walter Gotschke.

Ferdinand Porsche umringt von seinen Mitarbeitern im Hof der Porsche Villa in Stuttgart. Die Versuchs-Käfer sind V1 und V2 (vorn und hinten links), der dritte (im Hintergrund) ein Wagen der VW-3-Serie.

Ferdinand Porsche surrounded by his employees in the yard of the Porsche villa in Stuttgart. The experimental Beetles are V1 and V2 (left front and rear), the third (in the background) is one of the VW 3 series.

Eine ähnliche Szene, allerdings 1946 in Wolfsburg

A similar scene, this time however, 1946 in Wolfsburg

Alltag auf der Königsstraße in Stuttgart

Traffic as usual in the Königstraße in Stuttgart

Käfer in den USA (New York)

Beetles in the USA (New York)

RLENE
BURG*
M/S BIRKA

LAMP ADJUSTING STATION
Your
BANKAMERICARD
welcome here
CALIFORNIA
XUU 95

Käfer und Kunst: „verkürzt“ von J. Dodd
Beetles in art: “Shortened” by J. Dodd

. . . als „Moloch Auto“
. . . as “Moloch Auto”

◁ Oben: „Neubeginn“ nennt der Schwede Sune Envall seine Käfer-Serigraphie (Galerie Auto & Kunst)
Above: “Neubeginn” is the name which the Swede Sune Envall gives his Beetle serigraphy (Galerie Auto & Kunst)

Unten: „Private Parking“ von Don Eddy
Below: “Private Parking” by Don Eddy

Käfer als Pop Art von Tom Wesselmann – Landschaft

Beetle as Pop Art by Tom Wesselmann

KÄFER-ZEITSCHRIFTEN: Weltweit gibt es eine ganze Reihe mehr oder weniger bekannter Motor-Zeitschriften, die sich fast ausschließlich mit dem Käfer beschäftigen. Ältestes Magazin ist die in Deutschland erscheinende GUTE FAHRT (seit 1950). ▷

BEETLE MAGAZINES: Throughout the world there is a whole range of more or less well-known automobile journals that concern themselves almost solely with the Beetle. The oldest magazine is the GUTE FAHRT which is published in Germany (first published 1950).

DAS
Nr. 1/81
BREZELFENSTER
CLUBZEITUNG
DER VW-VETERANEN-FREUNDE

Urkäfer
1/81

Gute Fahrt
junior

nederlandse vw brillen vereniging
1953
brillen

BEETLING
VOLKSWAGEN news-sport-tuning-maintenance
Forty Pence
279 JULY, 1981
20 MILLION!

Gute Fahrt
Die Zeitschrift für den Volkswagenfahrer
3/62
DM 1.50
203
RALLYE MONTE-CARLO
S-HH 649

SEPTEMBER 1983 70p
1st Anniversary Issue
VOLKSWAGEN AUDI CAR
VW Action '83
PREVIEW

OCTOBER 1981 30p
SAFER
VOLKSWAGEN
MOTORIN
The INDEPENDENT pro-British magaz
that concentrates on the VW/Audi Fa

TESTING THE TURBO SCIROCCO!
VOLKSWA
PORSCHES:
356 HOLIDAY · CUSTOM 914
CARRERA 2000GS!
SPECIAL:
SHOW-
WINNING
CHOPPED-TOP
BEETLES!

HOT ROD
HOW TO LOCATE COLLECTIBLE VW
VOLKSWAG
class
$2.50
Drive Test
THE OUTSTANDING JETTA GLI
HOW-TOs:
• Water-Cooled Hop-Up
• Interior Makeovers
• Rebuilding Type IIIs
• Adjustable I-Beams
Sensational St

RABBIT GTI TURBO ENGINE TEST
VW & PORSCHE
$2.00
TESTING—
· PROJECT 914's KILLER ENGINE
· BEETLE SUSPENSION TRICKS
· RABBIT/SCIROCCO PARTS
550-HP
STREET
BEETLE!
FIRST LOOK: '85 PORSCHE 944 TURBO
ULTIMATE PORSCHE · $90,000 RINSPEED 939

Die Belgierinnen Gabrielle D'Ieteren und Charlotte van Marcke de Lummen nahmen 1951 mit einem Käfer an einer Rallye quer durch den afrikanischen Kontinent vom Mittelmeer nach Kapstadt teil und belegten in ihrer Klasse den ersten Platz.

In 1951 the Belgians Gabrielle D'Ieteren and Charlotte van Marcke de Lummen took part in a Beetle in a rally right across the African continent from the Mediterranean to Cape Town. They came first in their class.

Ein Fünftel der VW-Produktion nach den USA

Das neue VW-Zentrum in USA in Englewood Cliffs, das New York gegenüber am anderen Ufer des Hudson liegt.

Der Automobilmarkt der USA, der bei weitem größte in der Welt mit der leistungsfähigsten Automobilindustrie dieser Erde und mit einem Automobilbestand von über 70 Millionen Wagen, hat von allen nichtamerikanischen Automobilen nur den Volkswagen in beispielloser Weise anerkannt und akzeptiert. Der millionste Volkswagen, der vor kurzem in den USA zugelassen wurde, ist ein erster Markstein in einer großartigen und einmaligen Entwicklung.

An der Spitze der amerikanischen VW-Organisation, die heute 15 Großhändler und 670 Händler zählt, steht die Volkswagen of America, Inc., eine Tochtergesellschaft unseres Unternehmens. VW-Generaldirektor Prof. Dr. Nordhoff übergab im Oktober das neue VW-Verwaltungsgebäude in Englewood Cliffs, New Jersey, der Bestimmung. Die Errichtung dieses VW-Zentrums wird in den USA als Zeichen des Vertrauens gewertet, mit dem das Volkswagenwerk seine Zukunft auf dem amerikanischen Markt sieht.

„Heute wird ein Fünftel der gesamten Volkswagen-Produktion nach den Vereinigten Staaten geliefert: jede Woche wird eine volle Tagesproduktion von rund 5000 Fahrzeugen nach dort verschifft", betonte Professor Nordhoff bei der Einweihung des VW-Zentrums.

Als erster erhält der VW-Generaldirektor das Teilnehmerabzeichen bei der VW-Händlerkonferenz; der General-Manager der Volkswagen of America, Dr. C. H. Hahn (Mitte), ist der nächste.

Aus dem Weihnachts-Aktionärsbrief 1961:

Auf dem kleinen Bild VW-Generaldirektor Nordhoff, in der Mitte der damalige General-Manager von Volkswagen of America, Carl Hahn. Am 5. Januar 1959 hatte VW-Chef Nordhoff seinen ehemaligen Assistenten zum Boss von Volkswagen of America gemacht. Hahn, der heutige Vorstandsvorsitzende der Volkswagen AG, war damals 32 Jahre jung.

Excerpt of the 1961 Christmas letter to the shareholders:

On the small picture VW General Director Nordhoff, in the center former General Manager of "Volkswagen of Amerika" Carl Hahn. On January 5, 1959 VW boss Nordhoff had appointed his former assistant boss of "Volkswagen of America". Hahn, at present Chairman of the Board of Volkswagen AG was 32 years young back then.

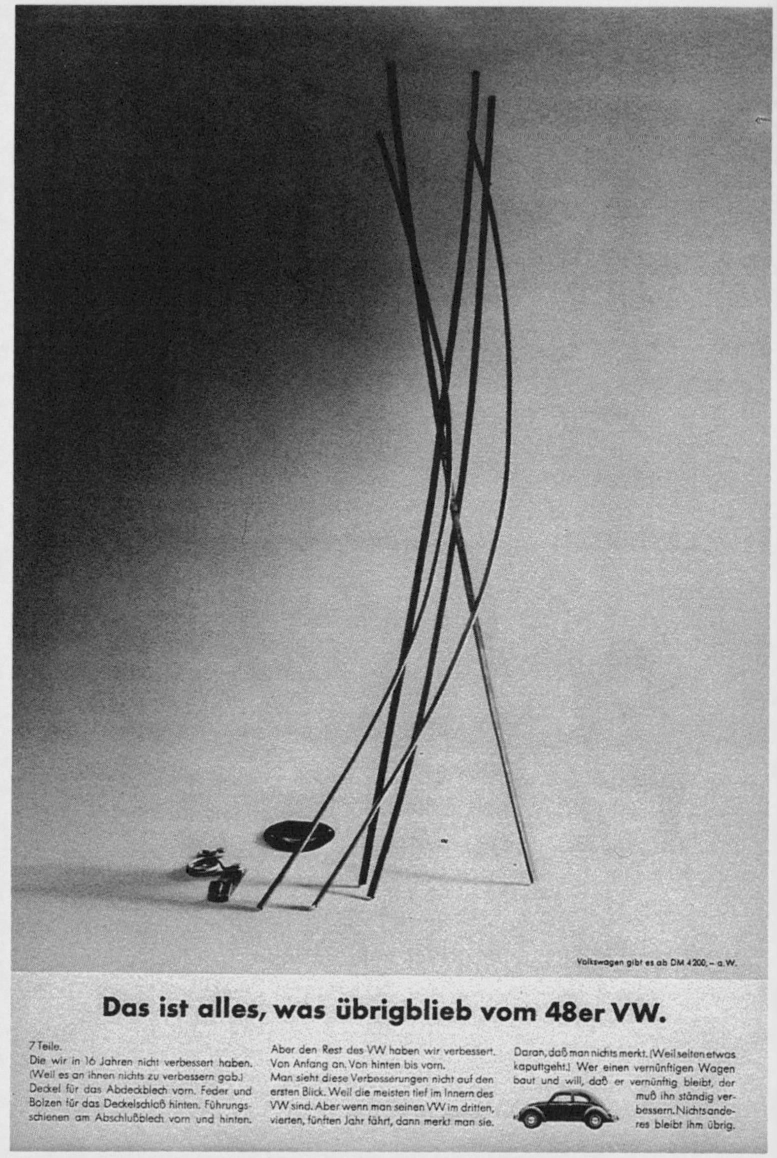

Bereits 1959 hatte Hahn den Grundstein für die bis heute richtungsweisende internationale Käfer-Werbung gelegt. Einige der pfiffigsten Motive der Agenturen Doyle Dane Bernbach (DDB) und LASTRI (Brasilien) zeigen die folgenden Seiten.

In 1959 Hahn layed the foundation for the international beetle advertising continuing to be a guideline up to this day. The following pages present some of the most original motives in the Beetle advertising campaign of the Doyle Dane Bernbach Agency (DDB) and LASTRI (Brazil).

Käfer und Werbung

Beetle adds

F-LB 862
Niemand ist vollkommen.
In den letzten 18 Jahren haben wir ziemlich gut gelernt, wie man einen guten Wagen baut.
Heute hat dieser Wagen den Ruf, ein vollkommener Wagen zu sein.
Und wir haben 7308 Inspekteure, die aufpassen, daß sein Ruf keine Schramme bekommt.
Diese harten Männer bezahlen wir dafür, daß sie Dinge finden, zu denen sie nein sagen.
Nein heißt Nein.
Sie stoppen jeden VW kleiner Dinge wegen, die Sie wahrscheinlich nie bemerkt hätten.
Ein vergessener Steppstich im Polster. Ein Staubkorn im Lack.
Oder eine Schramme im Chrom.
Nun ist alles für die Katz, wenn Sie sich eines Tages mit einem kaputten Stoßdämpfer auf dem Marktplatz von Syracus, Sizilien, wiederfinden.
Dann brauchen Sie nur in die Via Archis 15/A zu gehen, und nach Carmelo Ortisi zu fragen.
4896 VW-Service-Stationen sorgen dafür, daß Sie sich sogar in den verlassensten Gegenden Europas nie verlassen zu fühlen brauchen. (Und daß Sie einen Stoßdämpfer bekommen, wenn Sie ihn brauchen.)
Bei all dieser Mühe haben wir bis heute niemanden gefunden, der die Nägel findet, bevor sie Ihnen die Luft aus den Reifen lassen.
Niemand ist vollkommen.

Volkswagen 1200 (Export) DM 4980,– a.W.
Hier sehen Sie den ersten Wagen von Antarctica.
Dies ist der erste VW im Südpolgebiet. Er ist das erste Fahrzeug in der Antarktis, das nicht speziell für die Antarktis gebaut ist.
Wie Raupenschlepper. Traktoren. Hundeschlitten. R. McMahon, Leiter einer australischen Forschungsgruppe, fährt diesen Wagen.
Über Eis. Durch Schnee. Bei 32 Grad unter Null.
Er fährt ihn nicht zum Vergnügen.
Er fährt ihn als Erkundungswagen. Als Begleitfahrzeug für Traktorenzüge. Als Schlepper für Hundeschlitten.
McMahon: „Der Wagen fährt, als sei er speziell für die Antarktis gebaut."
Falls Sie, statt durch die Eiswüste, durch die Wüste fahren wollen:
Wir haben auch einen Wagen, der speziell für die Wüste gebaut zu sein scheint.
Mit Sonnendach.

VW 6242 B Er ist klein . . .
Spiegel Nr. 17 vom 18. 4. 66
1/1 S., s/w.
4566 PA

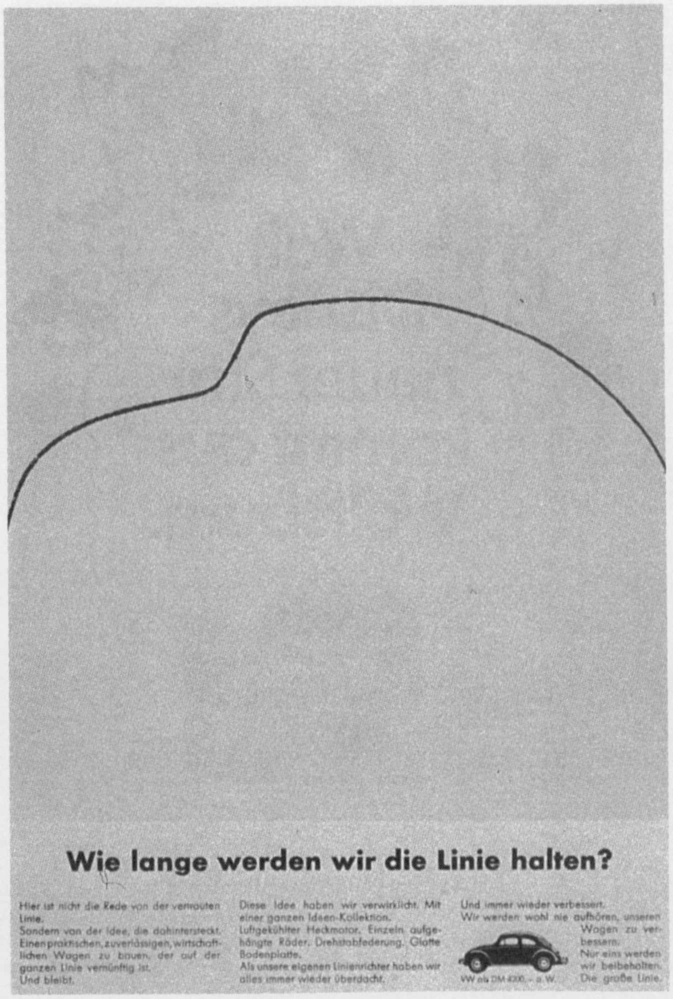
Wie lange werden wir die Linie halten?
Hier ist nicht die Rede von der vertrauten Linie.
Sondern von der Idee, die dahintersteckt. Einen praktischen, zuverlässigen, wirtschaftlichen Wagen zu bauen, der auf der ganzen Linie vernünftig ist.
Und bleibt.
Diese Idee haben wir verwirklicht. Mit einer ganzen Ideen-Kollektion.
Luftgekühlter Heckmotor. Einzeln aufgehängte Räder. Drehstabfederung. Glatte Bodenplatte.
Als unsere eigenen Linienrichter haben wir alles immer wieder überdacht.
Und immer wieder verbessert.
Wir werden wohl nie aufhören, unseren Wagen zu verbessern.
Nur eins werden wir beibehalten.
Die große Linie.
VW ab DM 4200,– a. W.

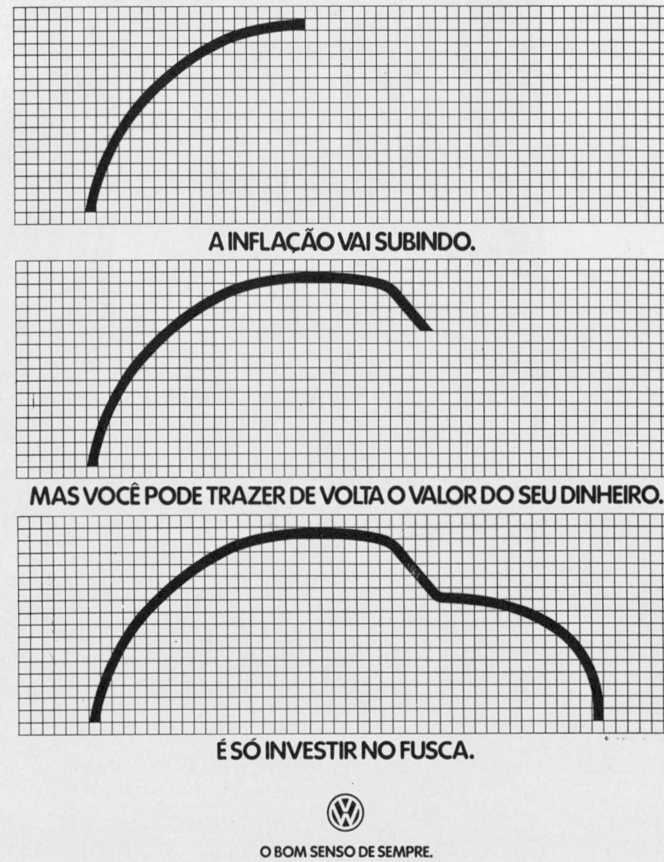
A INFLAÇÃO VAI SUBINDO.
MAS VOCÊ PODE TRAZER DE VOLTA O VALOR DO SEU DINHEIRO.
É SÓ INVESTIR NO FUSCA.
O BOM SENSO DE SEMPRE.

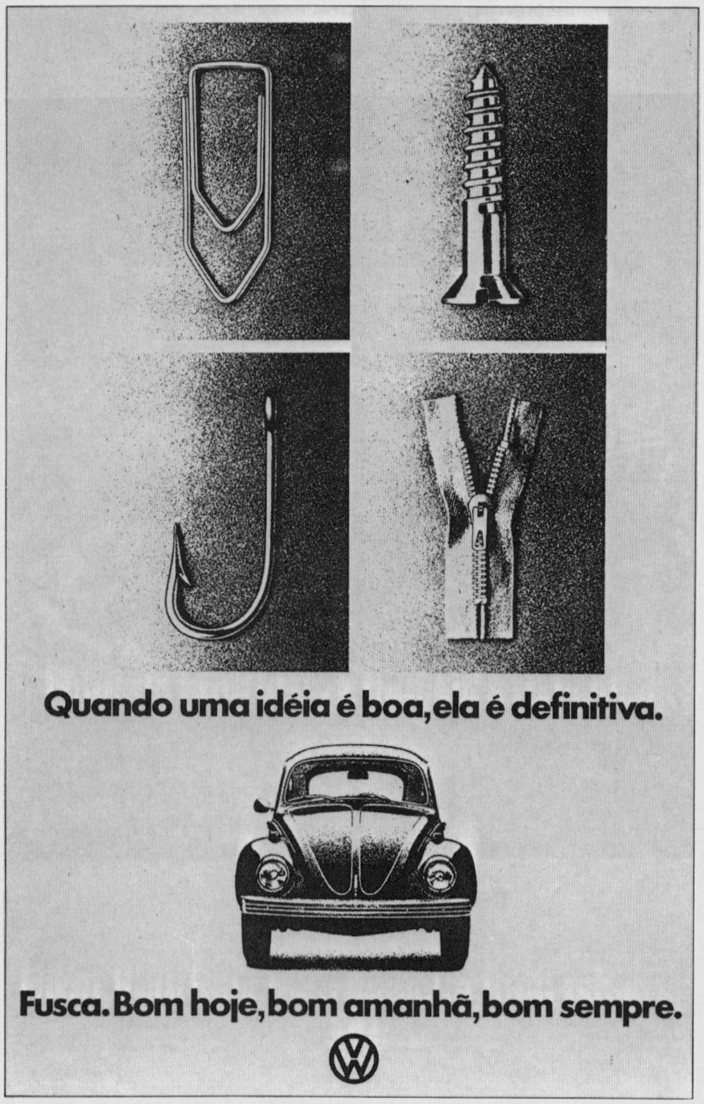
Quando uma idéia é boa, ela é definitiva.
Fusca. Bom hoje, bom amanhã, bom sempre.

VW 1300 DM 6150,– a.W.
VW 1500 DM 5365,– a.W.
Das haben wir diesmal verbessert.
Alles, was Sie da sehen, haben wir in diesem Herbst am VW 1300 und am VW 1500 verbessert. Und einiges, was Sie nicht sehen können.
Es ist mehr als je zuvor.
Ein gutes Dutzend Verbesserungen ist allein dazu da, den Käfer noch sicherer zu machen.
Zum Beispiel die Zweikreis-Bremsanlage. Die auch dann noch funktioniert, wenn eines der beiden Leitungssysteme ausfallen sollte. (Was Sie wohl kaum erleben werden.)
Und die Sicherheitslenksäule. Das Sicherheitslenkrad. Die neuen Scheinwerfer mit senkrechten Streuscheiben. Die Scheibenwischer mit zwei Geschwindigkeiten. Die Sicherheitsspiegel innen und außen. Die breiteren, stärkeren und höher angebrachten Stoßstangen.
Auch für den Komfort haben wir einiges getan.
Die angenehmste Neuerung ist zweifellos die Frischluftbelüftung. Sie können die Luftzufuhr an zwei Knöpfen getrennt für links und rechts regeln. Und brauchen nicht mehr den lauten und zugigen Fahrtwind durch die Fenster hereinzulassen.
Neu ist auch, daß man jetzt die Beifahrertür auf- und zuschließen kann.
Und daß man zum Tanken nicht mehr die vordere Haube zu öffnen braucht: Der Tankeinfüllstutzen ist jetzt außen rechts hinter einer Federklappe.
Was nicht neu ist, ist der Preis. Die beiden Käfer kosten keinen Pfennig mehr als bisher.
Ist das nicht auch eine hübsche Verbesserung?

2 shapes known the world over.
Nobody notices Coke bottles or Volkswagens any more.
They're so well known, they blend in with the scenery.
It doesn't matter what the scenery is, either. You can walk in and buy a VW in any one of 136 countries.
And that takes in lots of scenery.
Deserts. Mountains. Hot places. Cold places.
Volkswagens thrive.
Hot and cold don't matter; the VW engine is air-cooled. It doesn't use water, so it can't freeze up or boil over.
And having the engine in the back is what makes all the difference when it comes to mud and sand and snow.
The weight is over the power wheels and so the traction is terrific.
VWs also get along so well wherever they are because the service is as good in Tasmania as it is in Toledo.
(The only reason you can't buy a VW at the North Pole is that Volkswagen won't sell you one. There's no VW service around the corner.)
We hear that it's possible to buy yourself a Coke at the North Pole, though.
Which makes us suspect there's only one thing that can get through ahead of a Volkswagen.
A Coke truck.
Dealer Name
VW 2579-71

The $35,000 Volkswagen.
Have we gone stark raving mad?
No, but when we heard this car was on display at the Los Angeles International Auto Show, we thought somebody had.
As it turned out, there was a method to the owner's madness.
Why not transform the world's best known economy car into the world's most economical limousine?
After all, a lot of the things that make great luxury cars great are already there in the humble little Bug:
Like 23 years of perfecting every single part of the car.
And subjecting it to over 16,000 different inspections before we sell it to you.
And having it worth lots of money to you when you sell it to someone else.
So why not stretch it out to limo length?
Why not add an intercom, bar and mahogany woodwork and tufted English upholstery and a carriage lamp to signal the doorman?
Why not be the savingest millionaire on the road?
That, children, is exactly how the rich get richer.
VW 2572-71

Presenting the
84 mpg Volkswagen.
Since all the car manufacturers are conducting their own mileage tests these days, we at Volkswagen thought we'd conduct one too.
So we modified our body—and our engine. And, of course, we got someone who didn't weigh much to drive.
Lo and behold, we got 84 miles per gallon!
Ridiculous? Nobody normally drives like this? Of course. That's precisely our point.
Nobody normally drives like most of those tests you're seeing.
Volkswagen: An honest 25* miles per gallon.

Some shapes are hard to improve on.
Ask any hen.
You just can't design a more functional shape for an egg.
And we figure the same is true of the VW Sedan. Don't think we haven't tried.
(As a matter of fact, the Volkswagen's been changed nearly 3,000 times.)
But we can't improve our basic design.
Like the egg, it's the right kind of package for what goes inside.
So that's where most of our energy goes. To get more power without using more gas. To put synchromesh on first gear. To improve the heater. That kind of thing.
As a result, our package carries four adults, and their luggage, at about 32 miles to a gallon of regular gas and 40,000 miles to a set of tires.
We've made a few external changes, of course. Such as push-button doorknobs.
Which is one up on the egg.

NOR
A 420
Der VW läuft
und läuft
und läuft
und läuft
und läuft
und läuft
und läuft
und läuft
und läuft
und läuft
und läuft
und läuft
und läuft
und läuft
und läuft
und läuft

Käfer-Kunst

Beetle art

Lauter tolle Käfer

For the real collector only

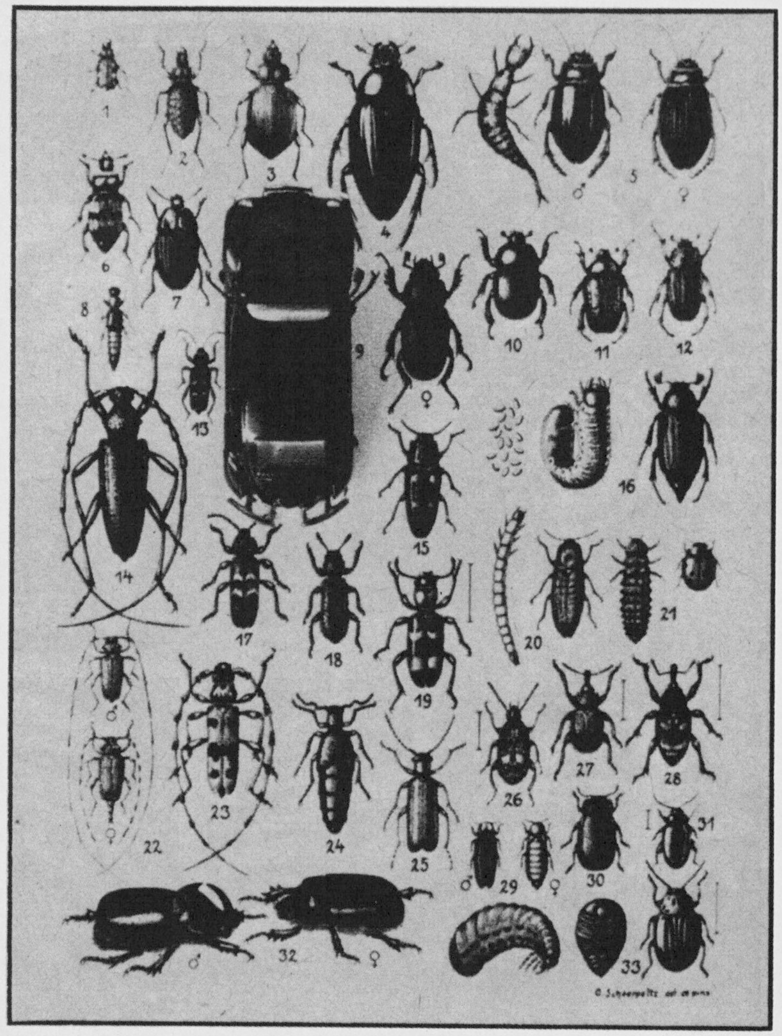

Käfer-Allerlei

Beetle medley

Fan-Kult *Fan cult*

Ansichten
Views

Dollar-Käfer
Dollar Beetle

Amtliche Zollabfertigung exakt nach Vorschrift
Customs clearance – according exactly to the rules . . .

„Weißt Du, ich denke so gerne an unsere Sonntagsausflüge zurück!"
"You know, I love to reminisce about our Sunday excursions!"

Erfindung des Ur-Käfers durch einen aufgeweckten Menschen des späten Diluviums
Invention of ancient Beetle by a clever man of the late Diluvium

„Du bist so still, Elisabeth?"
"How come you're so quiet Elizabeth?"

„Die Zeugin vernehmen und die Spur messen, Herr Kollege, nicht umgekehrt!"

„Die Zeugin vernehmen und die Spur messen, Herr Kollege, nicht umgekehrt!"

autopress

"I asked you to hear the witness and measure the track, not vice-verse!"

Käfer des Monats
Aus GUTE FAHRT

Beetle of the month
Courtesy GUTE FAHRT Magazine

Der Käfer des Monats
Beetle of the month

Nicht kochfest: Beim Waschen eingelaufen
Washed too hot!

Der (Spar-)Käfer des Monats
"Deal of the month"

Neuer Mannschaftswagen für den VW-Aufsichtsrat
Personnel carrier for the Volkswagen-board members

Der wahre Käfer-Enthusiast schreckt vor nichts zurück. (Zeichnung: Peter Aschwanken)

Nothing is too much for the true Beetle enthusiast! (Courtesy Peter Aschwanken)

Auch als mobiles Eigenheim schätzt man den Käfer, ob mit festem Dach oder mit Zelt-Aufbau oder im Do-it-yourself-Verfahren ausgebaut.
The Beetle is held in high esteem as mobile home too, whether with hardtop or with tent extension or converted in Do-it-yourself tradition

Käfer-Variationen

Beetle variety

Käfer als „Woodie“ von Wendler in Reutlingen

Beetle as "Woodie" by Wendler in Reutlingen

als Lieferwagen mit Plane von Drews in Wuppertal

As van with tilt by Drews in Wuppertal

als Pick-Up von Beutler in der Schweiz

As pick-up by Beutler in Switzerland

als „Variant“ von Beutler

As "Variant" by Beutler

und von Meeussen in Antwerpen/Belgien

And by Meeussen in Antwerp/Belgium

oder als Kastenwagen mit Rolläden (Beutler)
Or as delivery van with shutters (Beutler)

als Pick-Up
as pick-up

mit hölzerner Pritsche
with wooden platform

und aufgesetzter Ladefläche
and load area

„Special Delivery" von B.G.W. Limited (USA)
"Special Delivery" by B.G.W. Limited (USA)

„Vandetta" von Gundaker (USA)
"Vandetta" by Gundaker (USA)

Die US-Firma Fenderprize bietet neben diesen Radabdeckungen auch eine ganze Reihe weiterer hübscher Zubehörteile zur Käfer-Verschönerung an.

The US company Fenderprize offers a complete range of other interesting accessories for Beetle beautification, in addition to these fender skirts.

Wieviele Pferde mögen da wohl unter der Haube stecken?

How many horses are lurking under the bonnet here?

Vorn oder hinten?
Front or rear?

Einen Käfer mit extrem langem Radstand, luxuriösem Interieur und vier Türen präsentierte das US-Unternehmen Troutman & Barnes im Jahre 1969. 35 000 Dollar sollte der Luxus-Käfer kosten.

An extra-long wheelbase Beetle with luxurious interior and four doors was presented in 1969 by the US company Troutman & Barnes. $ 35,000 was the price tag on the Luxury Beetle.

Käfer mit modifizierter Frontpartie

Beetle with modified front section

als Opera-Coupé

as Opera coupé

als Zwei-Fenster-Cabrio

as two-windows cabrio

als Baja-Bug

as Baja-Bug

als Turbo-Beetle

as Turbo Beetle

Marke Eigenbau „gechoppt"

"Chopped" version carrying the „Homemade" badge

straßentauglich oder geländegängig

street-legal or all-terrain

individuell gestylt

individually styled

Trotz allem ein Käfer

A Beetle in spite of everything

mit vier Endrohren und geschlitzter Haube

With four end-pipes and slotted bonnet

mit Anbauteilen aus Kunststoff

With plastic accessories

mit Sichtfenster

With porthole

Motor offen: Baja Bug

Open engine: Baja Bug

als „Shady Lady“

As “Shady Lady”

mit Spoiler als „Luftbremse“

With “Air brake” spoiler

im Mercedes-Look

In Mercedes look

mit Sidepipes
With side pipes

Albar-Käfer aus der Schweiz
Albar Beetle from Switzerland

Can-Can- oder Can-Am-Käfer?
Can-Can or Can-Am Beetle?

mit Achtzylinder-Chevrolet-Motor
With eight cylinder Chevrolet powerplant

Ein-PS-Käfer ohne . . .
. . . und mit Dach

One-horsepower Beetle without . . .
. . . and with roof

Käfer-Anhänger . . .
Beetle trailer . . .

. . . als Trike geschlossen . . .
. . . as enclosed trike . . .

. . . und oben ohne
. . . and topless

Käfer als Schwimmwagen: Der Australier Paul Greene mit seinem „Sea Bug".

Beetle as amphibian: The Australian Paul Greene with his "Sea Bug".

Allround-Käfer

Beetles for any occasion

Genau zwanzig Jahre nach der ersten erfolgreichen Durchquerung der Meerenge von Messina mit einem eigens dafür präparierten Käfer versuchten Franz Kuen und Bernt Schlesinger es erneut – es hat selbstverständlich auch diesmal geklappt.

Exactly twenty years after the first successful crossing of the Straits of Messina in a specially prepared Beetle, Franz Kuen and Bernt Schlesinger tried it again – of course it was a success this time round as well.

Auch in der Irischen See ist der Wasser-Käfer zu Hause: hier Malc Buchanan mit seinem Schwimm-Volkswagen.

Even in the Irish Sea the amphibian Beetle is at home, here is Malc Buchanan with his amphibian Volkswagen.

Bierdosen-Regatta in Darwin/Australien. Hunderte von leeren Bierdosen, sorgfältig zugelötet, liefern den nötigen Auftrieb.

Beercan Regatta in Darwin/Australia. Hundreds of empty beercans, carefully soldered up, provide the necessary buoyancy.

Wasser-Käfer in Amerika

Amphibian Beetle in America

Unfreiwillig baden ging dieser Käfer in Kopenhagen, er fiel ins Hafenbecken; erst die Feuerwehr konnte ihn wieder ins Trockene bugsieren.

This Beetle went for an unexpected swim in Copenhagen, it fell into the harbour; it took the fire department to haul it back onto dry land.

Auch in Schweden gibt es Schwimm-Käfer.

There are amphibian Beetles in Sweden, too.

Service-Käfer auf Schienen in Ontario/Kanada
Service Beetle on rails in Ontario/Kanada

als Walze zum Planieren und mit Rammschutz in Australien unterwegs
as roller for smoothing the way and with bumper guards somewhere in Australia

als Coupé de Ville
as Coupé de Ville

Chevy-Käfer
Chevy Beetle

Käfer als Seilbahn in Tirol
Beetle as cablecar in Switzerland

. . . in der Landwirtschaft: beim Pflügen . . .
. . . Agricultural Beetle: ploughing . . .

. . . mit Gras bewachsen
. . . overgrown with grass

Car Stuffing heißt dieser aus den USA kommende Käfer-Sport. Möglichst viele Leute müssen in möglichst kurzer Zeit im Käfer untergebracht werden; inzwischen ist Car Stuffing auch hierzulande und vor allem in Schweden ein populärer Käfer-Sport.

"Car Stuffing" is the name of this Beetle sport which comes from the USA: As many people as possible must pack into a Beetle in as short a time as possible; car stuffing is already a popular Beetle sport here and particularly in Sweden.

Werkstatt-Tafel in den USA und als Werkstatt-Zeichen in Deutschland

Workshop chart in the USA and as workshop sign in Germany

Werbegag eines Teehauses in Tokio

Promotion gimmick in a tea house in Tokyo

. . . und auf einem Dach in Hamilton, Kanada

. . . and on a roof in Hamilton, Canada

△ Reflexe

Reflexes

Mobiles Eigenheim

Mobile home ▽

Käfer-Kunst auf dem Garagentor

Beetle art on the garage door ▽

Sonne, Strand und . . . Baja Bug (Copacabana, Rio de Janeiro)
Sun, sand and . . . Baja Bug (Copacabana, Rio de Janeiro)

Bunte Käfer-Vielfalt

Colourful Beetle parade

Popig bemalt

snazzily painted

. . . effektvoll lackiert im Wolfsburger AutoMuseum

. . . tastefully finished in the Wolfsburger AutoMuseum

. . . buntbedruckt als Blumen-Käfer

. . . colour printed as flower Beetle

im Talavera-Look

in Talavera look

. . . als Western-Käfer

. . . as western Beetle

. . . und Satans-Käfer

. . . an Satans Bug

Schloß Neuschwanstein stand hier Pate

Schloß Neuschwanstein was fairy godmother to this Beetle

Glanz und Elend: gepflegt als Show-Tuning-Käfer und für 1000 Mark auf dem Oldtimer-Flohmarkt

The beauty and the beast: Spick and span as show-tuning Beetle and for 1000 Marks at the Oldtimer flea market

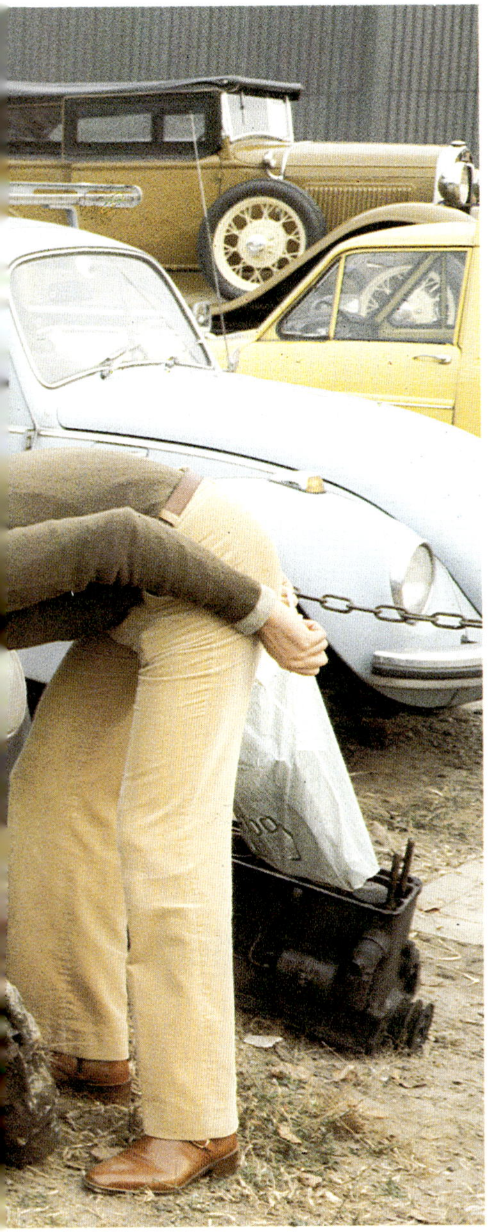

. . . lackiert à la „Starsky & Hutch“

. . . finished à la “Starsky & Hutch”

. . . fährt (fast) ohne Benzin

. . . runs (almost) without petrol

Was da wohl drunter steckt?

What might be underneath?

KÄFER KLASSISCH: Veteranen-Treffen in Bad Camberg
CLASSIC BEETLES: Veteran gathering in Bad Camberg

Export-Modell von 1951 mit Zweifarbenlackierung (nicht serienmäßig)
1951 export model, the two-tone finish was not standard then, however

Toprestauriert: Käfer von 1948 *Fully restored: 1948 Beetle*

Käfer-Cabrio von Karmann mit (serienmäßiger) Zweifarben lackierung
Beetle convertible from Karmann with (standard) two-tone finish

Der Käfer als Filmstar

The Beetle as filmstar

Einzelstück: ROLO-Käfer als Werbegag – Käfer aus zwei Käfern

One-off: ROLO Beetle as advertising gimmick – Beetle from two Beetles

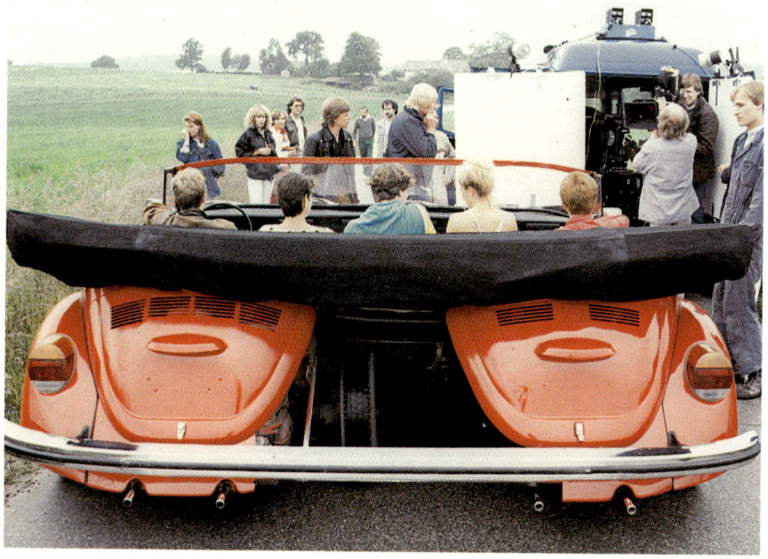

Nicht nur der Käfer gilt als „typisch deutsch“
The Beetle is not the only “typically German” product around

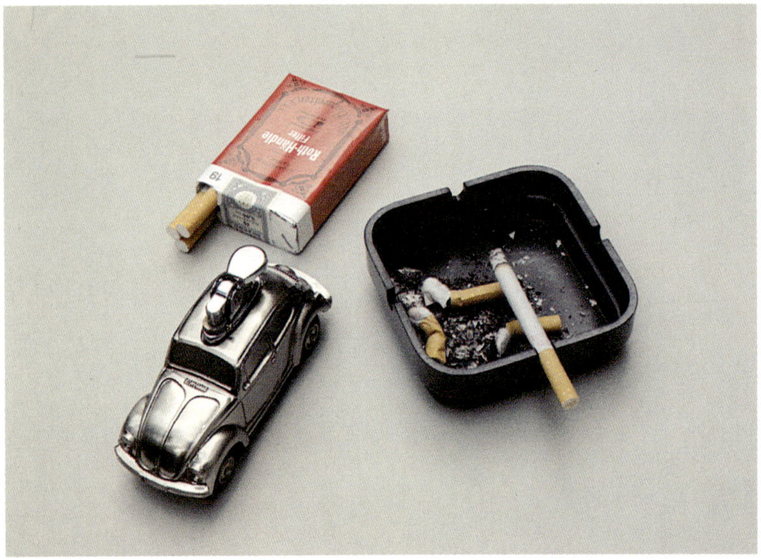

Käfer als Feuerzeug *Beetle as cigarette lighter*

. . . als Schlüsselanhänger aus Sterling-Silber *. . . as sterling silver key-ring*

. . . als Plakette aus Feinsilber *. . . as fine silver plaque*

. . . als Taschenmesser *. . . as penknife*

. . . mit Rasierwasser gefüllt *. . . filled with shaving water*

. . . oder Whiskey *. . . or whiskey*

. . . als Collage aus Uhrwerksteilen
. . . as collage assembled from clock components

als Bushaltestelle
as a bus stop

Käfer als Tischlampe aus Keramik
Ceramic Beetle as table lamp

. . . als kleine Blumenvase
. . . as small flower vase

. . . als Spardose
. . . as money-box

. . . auch als Spielzeug reizvoll
. . . also exciting as a toy

. . . selbst als Bücherstütze unentbehrlich
. . . indispensable as bookend, too

Zeitgemäß: Käfer als Standuhr
Time-honoured: Beetle as grandfather clock

. . . als Topf für Stephan und als Toilettenpapier-Halter

. . . as Stefan's potty and as toilet paper holder

Käfer handgestrickt △
Hand-knitted Beetle

. . . gebacken △ *. . . baked*

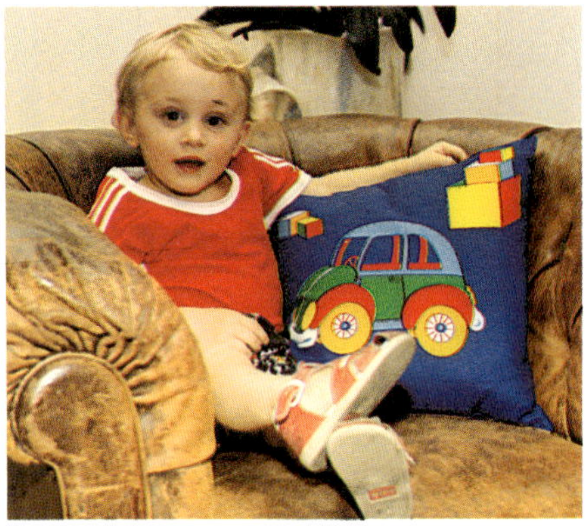

Stephans Sitzkissen △
Stefan's cushion

. . . gestickt △
. . . embroidered

Beates Rock
Beate's skirt

Dawn mit Pullover und Strickmütze
Dawn with pullover and knitted cap

Käfer in allen Variationen

Beetles in all variations

Faszination aus Singapur: Käfer als „Robo Machine“

Fascination from Singapore: Beetle as “Robo Machine”

Käfer mit Düsentriebwerk

Beetle with jet propulsion

Cross-Käfer im Maßstab 1:10 mit Elektromotor und Fernsteuerung von ROBBE

Cross Beetle in 1:10 scale with electric motor and remote control from ROBBE

LEGO-Käfer aus 4700 Einzelelementen

LEGO Beetle made up of 4700 individual building bricks

. . . als Werbegeschenk aus den 50er Jahren (WIKING)

. . . as a fifties advertising gift (WIKING)

Käfer als Bausatz *Beetle in kit form*

. . . mit Aufziehmechanismus *. . . with clockwork*

Käfer für Spur Z, N und HO *Beetle for Z, N and HO gáuges*

. . . als Einsatzwagen *. . . as service vehicle*

. . . in den unterschiedlichsten Größen *. . . in all sizes*

. . . als Holzspielzeug *. . . as wooden toy*

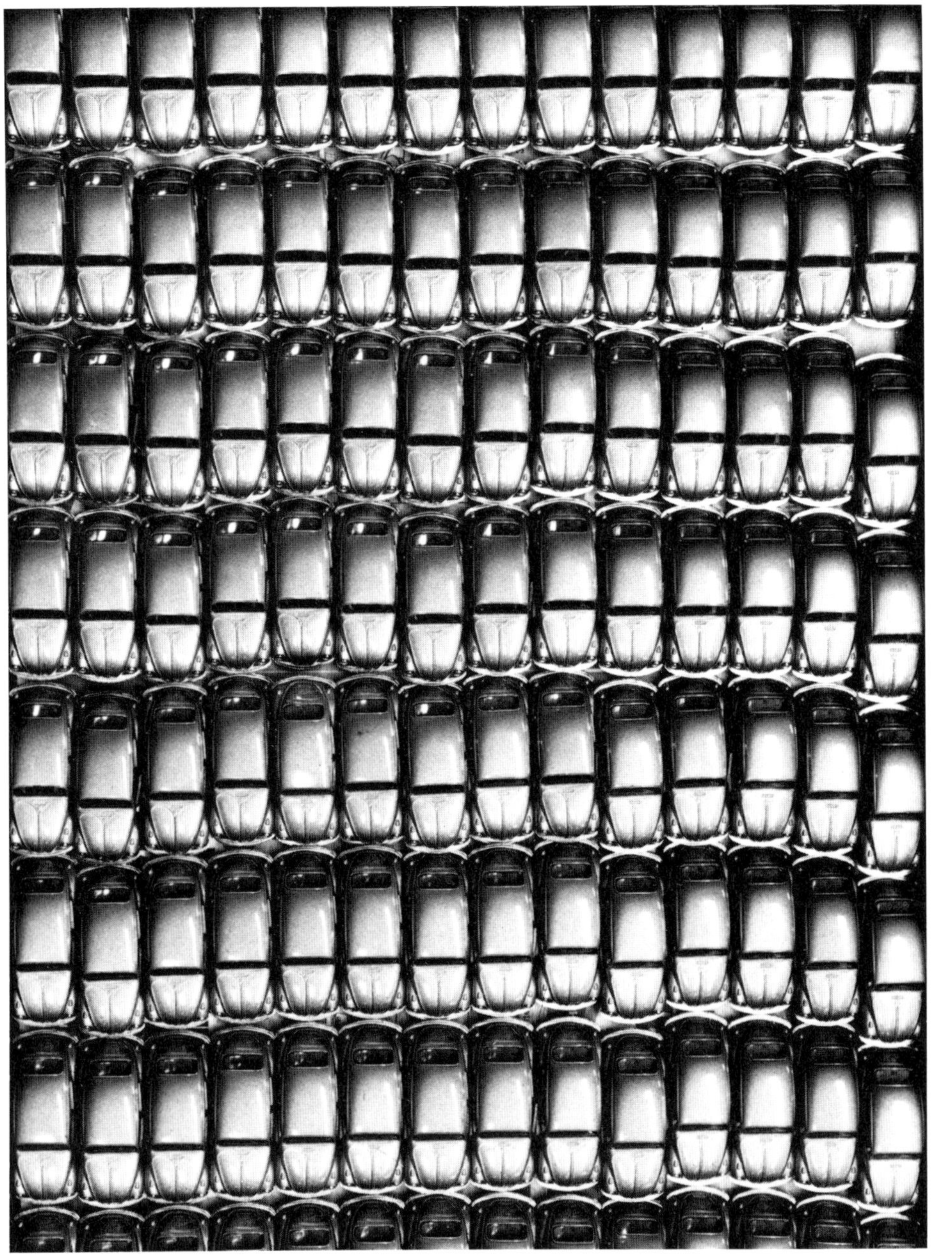

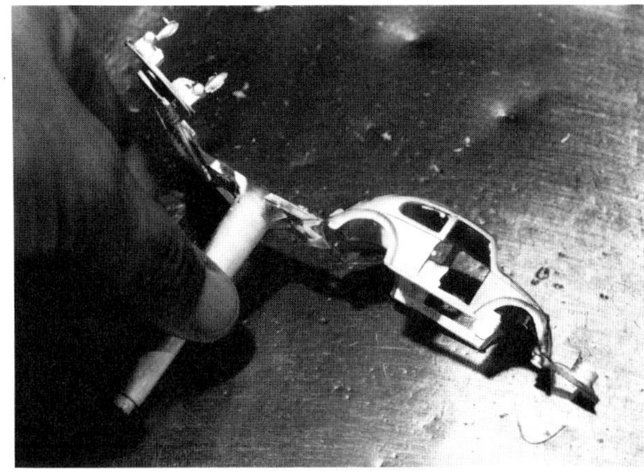

Käfer-Produktion bei SIKU (Maßstab 1:55)

Beetle production in the SIKU factory (Scale 1:55)

Käfer-Vitrine für den Käfer-Sammler
Beetle showcase for the Beetle collector

◁ △ Keramik-Käfer als Teekanne und als Schaustücke
Ceramic Beetle as teapot and as showpiece

▽ Der einzige Käfer mit Frontantrieb *The only Beetle with front wheel drive*

Volkmar Jungk sammelt Käfer wie andere Briefmarken
Volkmar Jungk collects Beetles the way other people collect stamps

Käfer als Sandburg — *Beetle as a sand castle*

als Kuchen — *as a cake*

Mini-Käfer mit Rasenmähermotor — *Mini Beetle with lawnmower engine*

Käfer aus Schokolade — *Chocolate Beetles*

. . . als Lutscher (Lolly) — *. . . as lolly*

als Kerze — *as a candle*

als Eierbecher — *as an eggcup*

für wichtige Notizen — *for important messages*

Käfer als Schlüsselbrett *Beetle as key board*

. . . als Gürtelschnalle *. . . as belt buckle*

als Schlüsselanhänger *Beetle as key-ring*

Jubiläumsplakette *Jubilee plaque*

Käfer-Armband-uhr *Beetle-wrist-watch*

Riepenhausen-Stoll-Käfer mit großem Kofferraum
Riepenhausen-Stoll Beetle with large luggage compartment

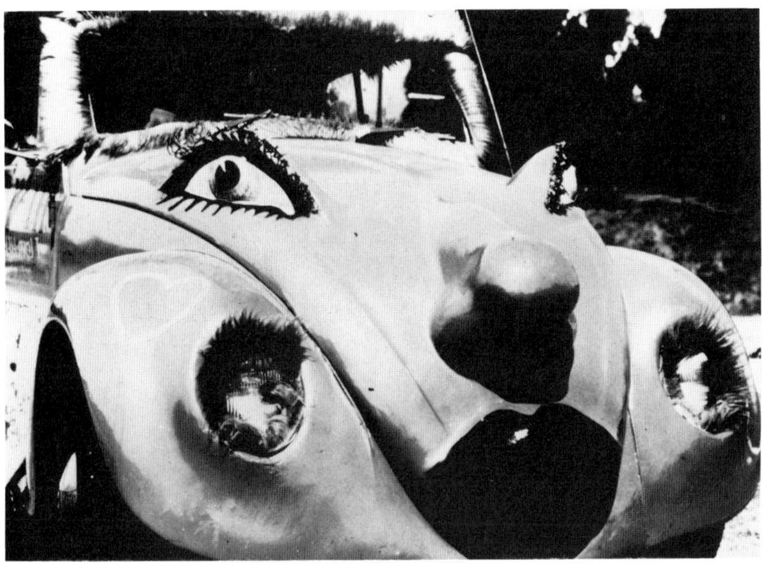

Käfer-Kuriositäten: handmodelliert *Beetle curious: hand-crafted*

Spiegelungen *Mirror images*

als Luftfracht *as air freight*

Schnee-Käfer *Snow Beetle*

Puebla/Mexico, 25. Juli 1985: Die letzten für Europa bestimmten Käfer werden nach Emden verschifft.
Puebla/Mexico, July 25, 1985: The last VW Beetles destined for Europe are being shipped to Emden/Germany.

Geburtstagsgeschenk von „praliné“: Brezelfenster-Käfer im Maßstab HO (1:87).
Birthday present from "praliné": a pretzel window beetle at a scale of HO (1:87).

▲ Kurioses: Zum fünfzigsten Geburtstag wurde aus dem Beetle ein Beatle-Käfer aus Marzipan.
Odd: On the occasion of its 50th birthday the Beetle turned into a Beatle – out of marcipan.

◄ Wolfsburg, 17. Oktober 1985: Geburtstagsparty für den Käfer mit mehr als 500 Gästen aus aller Welt.
Wolfsburg, October 17, 1985: birthday party with more than 500 congratulants from all over the world.

▼ Limitierte Stückzahl: 2400 Jubiläumsmodelle zum Käfer-Geburtstag.
Limited edition: 2400 anniversary models to celebrate the Beetle's birthday.

Wolfsburger
Verkehrs-GmbH
20